职业教育计算机平面设计专业创新型系列教材

Flash CS6 二维动画设计与制作

刘 斯 黄梅香 主 编

吴小菊 王 林 副主编

U0312589

科学出版社

北 京

内 容 简 介

本书贯彻"项目—任务"式教学思想，采用"任务驱动"的教学方式，坚持"教、学、做"三合一的理念，由浅入深、循序渐进地介绍了 Flash 软件的使用方法和实操技巧，并通过经典实用案例介绍 Flash 基础动画及音、视频等的制作方法。内容包括绘图基础、逐帧动画、动作补间动画、形状补间动画、传统补间动画、引导层动画、遮罩动画、复杂动画、元件、声音与视频、ActionScript 脚本与组件等内容。每部分的知识都分为从理论到任务再到实践探索 3 个阶段，循序渐进、由浅入深，操作步骤详细，并分小步讲解，与图中的操作提示相对应。

本书可作为中等职业学校"二维动画制作"课程的教学用书，也可作为交互课件制作及动漫设计领域从业人员的参考用书。

图书在版编目（CIP）数据

Flash CS6 二维动画设计与制作/刘斯，黄梅香主编. —北京：科学出版社，2018

（职业教育计算机平面设计专业创新型系列教材）

ISBN 978-7-03-055435-2

Ⅰ. ①F… Ⅱ. ①刘… ②黄… Ⅲ. ①动画制作软件–中等专业学校–教材 Ⅳ. ①TP391.414

中国版本图书馆 CIP 数据核字（2017）第 284107 号

责任编辑：陈砺川　王会明 / 责任校对：陶丽荣
责任印制：吕春珉 / 封面设计：东方人华平面设计部

科 学 出 版 社 出版
北京东黄城根北街 16 号
邮政编码：100717
http://www.sciencep.com
天津翔远印刷有限公司 印刷
科学出版社发行　　各地新华书店经销

*

2018 年 1 月第 一 版　　开本：787×1092　1/16
2023 年 10 月第四次印刷　　印张：18 1/4
字数：436 000
定价：46.00 元
（如有印装质量问题，我社负责调换〈翔远〉）
销售部电话 010-62136230　编辑部电话 010-62135397-1028

当今社会信息技术迅猛发展，互联网+、工业 4.0、大数据、云计算等新理念、新技术层出不穷，信息技术的最新应用成果已渗透到人类活动的各个领域，不断改变着人类传统的生产和生活方式，信息技术应用能力已成为当今人们所必须掌握的基本必备能力之一。职业教育是国民教育体系和人力资源开发的重要组成部分，信息技术基础应用能力及其在各个专业领域应用能力的培养，始终是职业教育培养多样化人才、传承技术技能、促进就业创业的重要载体和主要内容。信息技术的不断更新迭代及在不同领域的普及和应用，直接影响着技术技能型人才信息技术能力的培养定位，引领着职业教育领域信息技术类专业课程教学内容与教学方法的改革，使之不断推陈出新、与时俱进。

2014 年，国务院出台《国务院关于加快发展现代职业教育的决定》，明确提出要"形成适应发展需求、产教深度融合、中职高职衔接、职业教育与普通教育相互沟通，体现终身教育理念，具有中国特色、世界水平的现代职业教育体系"，要实现"专业设置与产业需求对接，课程内容与职业标准对接，教学过程与生产过程对接，毕业证书与职业资格证书对接，职业教育与终身学习对接"。2014 年 6 月，全国职业教育工作会议在京召开，习近平主席就加快发展职业教育做出重要指示，提出职业教育要"坚持产教融合、校企合作；坚持工学结合、知行合一"。现代职业教育的发展将带来人才培养模式、教育教学方式和办学体制机制的巨大变革，这无疑给职业院校信息技术应用人才的培养提出了新的目标。信息技术类相关专业的教学必须要顺应改革，始终把握技术发展和人才培养的最新动向，推动教育教学改革与产业转型升级相衔接，突出"做中学、做中教"的职业教育特色，强化教育教学实践性和职业性，实现学以致用、用以促学、学用相长。

2009 年，教育部颁布了《中等职业学校计算机应用基础教学大纲》；2014 年，教育部在 2010 年新修订的专业目录基础上，相继颁布了计算机应用、数字媒体技术应用、计算机平面设计、计算机动漫与游戏制作、计算机网络技术、网站建设与管理、网络安防系统安装与维护、软件与信息服务、客户信息服务、计算机速录、计算机与数码产品维修等 11 个计算机类相关专业的教学标准，确定了专业教学方案及核心课程内容的指导意见。

为落实教育部深化职业教育教学改革的要求，使国内优秀中职学校积累的宝贵经验得以推广，"十三五"开局之年，科学出版社组织编写了这套中等职业教育信息技术类创新型规划教材，并将于"十三五"期间陆续出版发行。

本套教材是"以就业为导向，以能力为本位"的"任务引领"型教材，无论是教学体系的构建、课程标准的制定、典型工作任务或教学案例的筛选，还是教材内容、结构的设计与素材的配套，均得到了行业专家的大力支持和指导，他们为本套教材提出了十分有益的建议；

同时，本套教材也倾注了 30 多所国家示范学校和省级示范学校一线教师的心血，他们把多年的教学改革成果、经验收获转化到教材的编写内容及表现形式之中，为教材提供了丰富的素材和鲜活的教学案例，力求符合职业教育的规律和特点，力争为中国职业教学改革与教学实践提供高质量的教材。

本套教材在内容与形式上具有以下特色。

1. 行动导向，任务引领。将职业岗位日常工作中典型的工作任务进行拆分，再整合课程专业知识与技能要求，是教材编写时工作任务设计的原则。以工作任务引领知识、技能及职业素养，通过完成典型的任务激发学生成就感，同时帮助学生获得对应岗位所需的综合职业能力。

2. 内容实用，突出能力培养。本套教材根据信息技术的最新发展应用，以任务描述、知识呈现、实施过程、任务评价以及总结与思考等内容作为教材的编写结构，并安排有拓展任务与关联知识点的学习。整个教学过程与任务评价等均突出职业能力的培养，以"做中学、做中教""理论与实践一体化教学"作为体现教材辅学、辅教特征的基本形态。

3. 教学资源多元化、富媒体化。教学信息化进程的快速推进深刻地改变着教学观念与教学方法。基于教材和配套教学资源对改变教学方式的重要意义，科学出版社开发了不同功能的网站，为此次出版的教材提供了丰富的数字资源，包括教学视频、音频、电子教案、教学课件、素材图片、动画效果、习题或实训操作过程等多媒体内容。读者可通过登录出版社提供的网站（www.abook.cn）下载、使用资源，或通过扫描书中提供的二维码，获取丰富的多媒体配套资源。多元化的教学资源不仅方便了传统教学活动的开展，还有助于探索新的教学形式，如自主学习、渗透式学习、翻转课堂等。

4. 以学生为本。本套教材以培养学生的职业能力和可持续性发展为宗旨，教材的体例设计与内容的表现形式充分考虑到学生的身心发展规律，案例难易程度适中，重点突出，体例新颖，版式活泼，便于阅读。

当然，任何事物的发展都有一个过程，职业教育的改革与发展也是如此。本套教材的开发是我们探索职业教育教学改革的有益尝试，其中难免存在这样或那样的不足，敬请各位专家、老师和广大同学不吝指正。希望本系列创新型教材的出版助推优秀的教学成果呈现，为我国中等职业教育信息技术类专业人才的培养和现代职业教育教学改革的探索创新做出贡献。

工业和信息化职业教育教学指导委员会委员

计算机专业教学指导委员会副主任委员

P 前 言
REFACE

Flash 一直是备受欢迎的专业二维动画制作软件，它集绘画、制作、设计、编辑、合成、输出为一体，具有跨平台、体积小、品质高、交互功能强等特点，可嵌入声音、视频、图片等多种格式的文件，并支持流式播放，能够满足网络高速传输的需要，在制作动画、游戏、广告、课件、网站、MTV、游戏等方面都具有灵活、强大、易用的优点，受到许多设计师的青睐。

本书注重理论知识与实践操作的紧密结合，是中等职业学校计算机应用专业与平面设计专业的主干教材。

本书任务案例典型、易于理解，且均来自经验丰富的一线教师或企业项目设计人员，能够帮助读者快速掌握 Flash 动画制作的原理、方法，具有很强的可操作性和实用性。书中各项目均提供完整的教学视频、作品源文件和相关素材，读者可登录科学出版社网站（www.abook.cn）下载使用，其中，教学视频也可通过扫描书中二维码观看学习。

全书分 11 个项目，主要内容如下。

项目 1 介绍如何使用 Flash 工具面板绘制动漫场景、道具、角色等，通过实例讲解 Flash 矢量绘图工具的用法，并在实例中应用对象的变形、旋转、缩放等功能。

项目 2 介绍逐帧动画，包括导入序列帧、洋葱皮工具、翻转帧命令等功能的使用。

项目 3 介绍动作补间动画，包括动作补间动画的创建方法及动画编辑器的应用。

项目 4 介绍形状补间动画，通过两个案例分析形状补间动画的制作方法及形状提示符的应用技巧。

项目 5 介绍传统补间动画，包括重复不间断背景动画和分节动画的制作方法。

项目 6 和项目 7 介绍引导层动画和遮罩动画，包括基础知识案例和商业广告项目的制作。

项目 8 介绍 3D 动画和骨骼动画，通过案例介绍 3D 旋转工具、3D 平移工具、骨骼工具、绑定工具的使用方法。

项目 9 介绍 Flash 声音与视频的导入及在 Flash 软件中对声音与视频进行简单的编辑。

项目 10 介绍 3 种不同类型元件的使用方法及应用环境与技巧。

项目 11 介绍 ActionScript 3.0 的基础语法，特别强调了应用动画与脚本结合来实现交互动画，同时也引入了案例，介绍事件触发、响应和处理、控制对象属性、控制时间轴播放等组件的应用。

本书由刘斯、黄梅香任主编，吴小菊、王林任副主编，许玲玲、兰文秀、郑秀娜、刘巧瑜参与编写。

由于编者水平有限，书中难免存在不足和疏漏之处，敬请广大读者批评指正，意见和建议请发送至电子邮箱 liusi_xm@163.com。

C 目 录
ONTENTS

项目 1

Flash 绘图基础

许多读者会被精彩的 Flash 动画所吸引，但在学习 Flash 动画之前，首先要学习绘图，即学习对 Flash 动画中的物体、场景、角色等进行设计和绘制。本项目将通过绘制自然风景、绘制卡通角色等实例，讲解 Flash 绘图的方法和技巧。

学习目标

了解 Flash 工具箱提供的常用绘图编辑工具。

掌握 Flash 基本工具的使用方法。

了解用调整工具调整规则图形的轮廓的技巧。

掌握绘制立体图形的方法和技巧。

项 目 引 导

在 Flash 中，创建和编辑矢量图形主要是通过工具箱提供的绘图工具完成的。图 1-0-1 为 Flash 绘图工具箱上各工具图标及其名称。

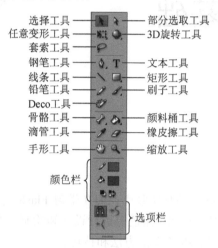

选择工具 —— 部分选取工具
任意变形工具 —— 3D 旋转工具
套索工具
钢笔工具 —— 文本工具
线条工具 —— 矩形工具
铅笔工具 —— 刷子工具
Deco 工具
骨骼工具 —— 颜料桶工具
滴管工具 —— 橡皮擦工具
手形工具 —— 缩放工具

颜色栏

选项栏

图 1-0-1　工具名称

下面介绍工具箱中常用的工具。

1. 线条工具

在 Flash 中，线条工具 ＼ 主要用于绘制线段。线条的属性主要有笔触颜色、笔触高度和笔触样式，可以在"属性"面板中进行设置。具体使用方法如下：
1）选择工具箱中的线条工具 ＼。
2）按【Ctrl+F3】组合键，打开"属性"面板。
3）单击笔触颜色按钮 ／■，从中选择一种颜色作为线条的颜色。

2. 铅笔工具

在 Flash 中，铅笔工具 ✐ 主要用于绘制曲线，它可以像真正的铅笔一样绘制线条和勾画轮廓，并且在绘制完线条之后，软件会自动进行一些调整，使画出来的线条更加笔直或平滑，平滑和笔直的程度取决于所选择的铅笔模式，如图 1-0-2 和图 1-0-3 所示。

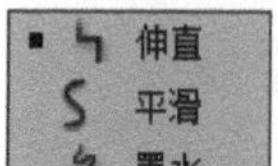

图 1-0-2　铅笔模式

（a）伸直模式　　（b）平滑模式　　（c）墨水模式

图 1-0-3　伸直模式、平滑模式、墨水模式的比较

3. 钢笔工具

在 Flash 中，要绘制精确的路径，如直线、平滑或流动的曲线，可以使用钢笔工具 。用户可以创建直线或曲线段，然后调整直线段的角度、长度及曲线段的斜率。钢笔工具的属性设置与线条工具基本相同，如图 1-0-4 所示。

1）绘制直线时，先在工具箱中选择钢笔工具 ，然后在其"属性"面板中设置样式和笔触颜色，设置好其属性后，在场景中单击，确定锚点的位置，连续单击即可创建直线组成的折线图，如图 1-0-5 所示。如果最后一个锚点和第一个锚点重合则会创建一个封闭图形。

2）绘制曲线时，在第一个锚点位置单击，再移动鼠标指针至合适位置，创建第二个锚点。我们在锚点处拖动的是曲线在该点的切线控制柄，它的倾斜度和长度决定了创建的贝塞尔曲线的倾斜度、高度或深度。当移动这些控制柄时，曲线的形状也将发生改变，如图 1-0-6 所示。

图 1-0-4 钢笔工具属性

图 1-0-5 钢笔工具绘制直线

图 1-0-6 钢笔工具绘制曲线

3）在曲线上增加锚点或删除锚点。将鼠标指针移动到曲线上，这时在光标右下角将出现一个"+"号，此时单击，即可产生一个锚点。或者选择添加锚点工具 ，在线条上单击，即可增加一个锚点；当鼠标指针移动到锚点上时，在鼠标指针的右下角将出现一个"–"号，此时，单击即可删除锚点。或者选择删除锚点工具 ，单击已存在的锚点，则被单击的锚点会被删除。

4）在曲线上转换锚点类型。选择转换锚点类型工具 ，然后单击锚点可得到角点；如果已经是角点，可单击锚点后，再对锚点进行拖动，调整曲线的弧度。

4. 部分选取工具

在实际应用中，通常先使用钢笔工具绘制出图形的大致轮廓，再使用部分选取工具进行小范围的调整。使用部分选取工具的方法如下：

1）选择工具箱中的部分选取工具 。

2）在图形边缘处单击，图形边缘会出现路径锚点。拖动这些锚点可以改变对象的形状。

3）单击选中其中一个锚点，在锚点的两端会出现两条切线控制柄。拖动切线控制柄，可以精确控制贝塞尔曲线的走向，从而获得理想的效果。

5. 椭圆工具

椭圆工具 和矩形工具 在同一工具组中，使用工具箱中的椭圆工具 ，可以绘制出椭圆或圆形，在椭圆工具的"属性"面板中可设置相应属性，如图 1-0-7 所示。

图 1-0-7　椭圆工具设置

6. 矩形工具

使用矩形工具 可以绘制矩形或正方形，其操作方法与椭圆工具相同。值得注意的是，在"属性"面板中，可以通过设置"矩形边角半径"，绘制出各种圆角矩形。绘制矩形的具体方法如下：

1）选择工具箱中的矩形工具 。

2）在"矩形边角半径"文本框中输入数值，如图 1-0-8 所示。

3）在场景中绘制图形的起点处单击，并拖动鼠标到终点处松开鼠标，就会绘制出一个有填充色和轮廓的矩形，如图 1-0-9 所示。

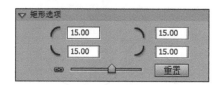

图 1-0-8　设置"矩形边角半径"

图 1-0-9　圆角矩形

运用椭圆工具或矩形工具绘图的过程中按住【Shift】键，则可以在工作区中绘制一个正圆形或正方形，按住【Ctrl】键可以暂时切换到选择工具，对工作区中的对象进行选取。

7. 多角星形工具

多角星形工具 与矩形工具 在同一工具组中，使用多角星形工具可以绘制等边多边形或等边星形图形，使用方法如下：

1）选择工具箱中的矩形工具 ，在弹出的下拉列表中选择多角星形工具 。

2）在工具箱的颜色栏中或选项栏中，设置合适的笔触颜色和填充色。

3）单击"属性"面板中的"选项"按钮，弹出"工具设置"对话框，如图 1-0-10 所示。其中"样式"选项用来设置绘制多边形或星形；"边数"选项用来设置多边形或星形的边数。

4）在场景中拖动鼠标绘制出多边形或星形，如图 1-0-11 所示。

8. 刷子工具

使用刷子工具 绘制的图形从外观上看似乎是线条，其实是一个没有边线的填充区域，并且是有刷子粉刷效果的线条图形，选择不同的画笔形状及画笔的大小可以产生各种不同的样式。因此，使用刷子工具不仅可以绘制图形，还可以制作一些特殊效果。具体使用方法如下：

1）选择工具箱中的刷子工具 ✎，在工具箱下方的选项栏中设置刷子形状、大小和模式，如图 1-0-12 所示。刷子模式如图 1-0-13 所示。

2）选择合适的填充色，就可在场景中进行绘制。

图 1-0-10　多边形的参数

图 1-0-11　多角星形工具绘制的多边形和星形

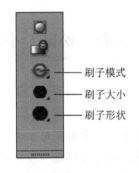

图 1-0-12　工具选项

图 1-0-13　刷子模式

9. 橡皮擦工具

橡皮擦工具 ✐ 用于擦除场景中的线条或填充。

10. 墨水瓶工具

墨水瓶工具 ✑ 与颜料桶工具 ✑ 在同一工具组中，用于修改场景中的线条。

11. 颜料桶工具

颜料桶工具 ✑ 可以对封闭区域或不完全封闭区域进行填充，可以用纯色、渐变色或导入的位图图像进行填充。具体使用方法如下：

1）选择工具箱中的颜料桶工具 ✑。

2）利用颜色栏中的填充颜色选项设定所需的填充色，然后单击场景中需要填充的封闭区间，此区间颜色便会改变。

12. 渐变变形工具

渐变变形工具 ✑ 用于对填充后的颜色进行修改，利用该工具可方便地对填充效果进行旋转、拉伸、倾斜、缩放等各种变换，如图 1-0-14 所示。

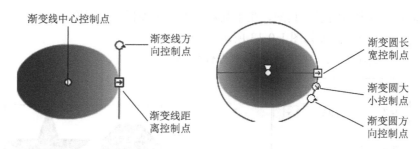

图 1-0-14 渐变变形工具的变换

13. 滴管工具

滴管工具 用于拾取边线颜色、填充色、位图图形颜色等。

任务 1.1　绘制自然景物——天空、云彩、松鼠、小树

■ 任务目的

通过本任务的学习和练习，了解 Flash 常用绘图编辑工具，掌握矩形工具、填充工具、渐变变形工具、线条工具、选择工具等的设置和使用方法；通过练习进一步熟练掌握线条工具和选择工具的使用方法，同时提高矢量绘画的技巧与速度，掌握常用的线稿描摹方法。

任务分析

本任务实现的是单个景物，如天空、云彩、松鼠、小树等的绘制效果，如图 1-1-1 所示。

 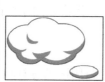  

1-1-1　单个景物最终效果图

绘制云彩　　　　　　　　　绘制松鼠　　　　　　　　　绘制小树

1. 绘制天空

操作要求：要求能绘制出颜色上有渐变层次的天空。

技能点拨：使用矩形工具绘制矩形，使用颜料桶工具填充渐变颜色，并用渐变变形工具进行渐变变形。

01 使用矩形工具 【R】绘制一个无边框的矩形，填充任意颜色，如图 1-1-2 所示。

图 1-1-2 长方形

 小 贴 士

1）【】中的按键表示快捷键。

2）在 Flash 软件中，不能直接在舞台上填充颜色，需要先绘制形状再填充颜色。

3）Flash 软件绘制的形状由笔触和填充两部分组成，属性须分别设置，如图 1-1-3 所示。

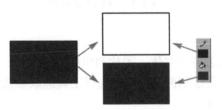

图 1-1-3 形状组成

4）为保证快捷键的有效使用，须关闭输入法。

02 选中矩形，在"颜色"面板中设置填充类型为线性渐变，接着修改渐变色块，如图 1-1-4 所示。

图 1-1-4 填充渐变色

7

小 贴 士

选中绘制的形状，物体以点状显示。

03 选中矩形，然后使用渐变变形工具 ▦ 【F】，旋转渐变方向为从上至下，如图 1-1-5
所示。

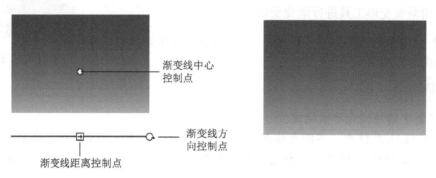

渐变线中心
控制点

渐变线方
向控制点

渐变线距离控制点

图 1-1-5 调整渐变状态

2. 绘制云彩

操作要求：要求绘制的云彩有立体、柔软的质感。

技能点拨：使用椭圆工具绘制椭圆，使用选择工具选取多余线条以便删除，使用线条工
具及选择工具绘制明暗交界线。

01 使用椭圆工具 ◯ 【O】依次绘制 5 个重叠的椭圆，如图 1-1-6 所示。

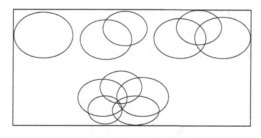

图 1-1-6 绘制椭圆

02 使用选择工具 ▸ 【V】选中内部交叉线，按【Delete】键将其删除，使用线条工具
╲ 【N】和选择工具 ▸ 【V】画出明暗交界线，选中暗面区域，填充暗面颜色（#E3EDFD），
最后删除明暗交界线，即可完成绘制，如图 1-1-7 所示。

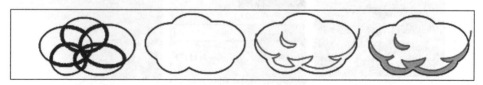

图 1-1-7 绘制云彩

小 贴 士

1）要选择多根线条，可以按住【Shift】键的同时单击要选择的线条。

2）使用线条工具画线，然后将选择工具放置在线条上，当箭头下方出现一段弧线时拖动鼠标可以使线条变形，如图 1-1-8 所示。

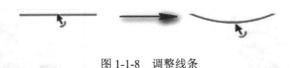

图 1-1-8　调整线条

03　运用步骤 02 的方法再绘制一朵小云，效果如图 1-1-9 所示。

图 1-1-9　最终效果

3. 绘制简易动物——松鼠

操作要求：要求绘制的松鼠光影对比清晰、立体感强。

技能点拨：使用线条工具绘制松鼠轮廓，使用选择工具调整出平滑曲线，再用线条工具绘制明暗分界线，然后运用颜料桶工具填充相应的颜色。

01　用线条工具 【N】勾勒出松鼠的大体轮廓，如图 1-1-10 所示。

02　使用选择工具 【V】将直线调整为平滑的曲线，如图 1-1-11 所示

图 1-1-10　松鼠的大体轮廓

图 1-1-11　松鼠平滑轮廓

03　使用线条工具 【N】和选择工具 【V】，用红线画松鼠身体、眼睛与尾巴的亮面和暗面，然后将亮面区域填充比基本色亮些的颜色，暗面区域填充比基本色暗些的颜色，如图 1-1-12 所示。

9

04 双击红线，选中所有的明暗分界线并删除，效果如图 1-1-13 所示。

图 1-1-12　绘制明暗分界线　　　　　　　　图 1-1-13　最终效果

4. 绘制小树

操作要求：要求绘制的小树形体真实、光影对比清晰、立体感强。

技能点拨：导入线稿，使用线条工具描出线条，再运用颜料桶工具给小树上色，然后用线条工具 ＼ 绘制明暗分界线，最后填充相应的颜色。

01 执行"文件→导入→导入到舞台"命令或按【Ctrl+R】组合键导入"素材与源文件\项目 1\任务 1.1\素材\树线稿.jpg"文件，如图 1-1-14 所示。

02 新建一个图层，使用线条工具 ＼【N】和选择工具 ▶【V】，用蓝线描出平滑且封闭的线条，效果如图 1-1-15 所示。

图 1-1-14　小树扫描线稿　　　　　　　　图 1-1-15　描线

需要填充颜色的区域的线条必须是封闭的，否则将无法填充。

03 选中所有线条，将颜色设置为黑色，并调整其透明度为 50%，效果如图 1-1-16 所示。

04 使用颜料桶工具 🪣 【K】给完成的线稿填充各部分的基本色，树叶为草绿色（#669933），树干为淡褐色（#C29161），效果如图 1-1-17 所示。

图 1-1-16　小树黑色线稿

图 1-1-17　填充基本色

小 贴 士

若无法给某图形区域填充颜色，经过检查找不到绘制区域的缺口，则可以运用工具箱下方选项栏中的 🔾 按钮，空隙大小模式选项如下：

🔾 不封闭空隙：选中此选项将使所有未完全封闭的区域不能被填充颜色。

🔾 封闭小空隙：填充间距特别小的不封闭图形区域。

🔾 封闭中空隙：可以填充间距较小的不封闭图形区域。

🔾 封闭大空隙：可以填充间距较大的不封闭图形区域。

05 使用线条工具 ✏ 【N】和选择工具 ▶ 【V】，用红线画出树干的明暗交界线。

06 在树干的暗面填充较暗的颜色（注意色彩对比要强烈些），然后删除明暗交界线，如图 1-1-18 所示。

图 1-1-18　小树树干明暗效果

07 参照步骤 **05**，画出树叶的明暗交界线，并勾勒出高光的部分。

08 分别为树叶的暗面与亮面填充较暗与较亮的颜色，这样树叶的色彩过渡比较丰富，树的立体感也更为突出、更加真实，效果如图 1-1-19 所示。

图 1-1-19　小树树叶明暗效果

实践探索

运用所学的技巧绘制一张自然风景图，效果如图 1-1-20 所示。

绘制自然景物

图 1-1-20　风景图

小　贴　士

向日葵的绘制方法。

1）用椭圆工具创建一个椭圆，用任意变形工具将其中心点调到中下部，打开"变形"面板，设置旋转为"20°"，并多次单击"重置选区与变形"按钮，完成花瓣的绘制，效果如图 1-1-21 所示。

2）绘制一些纵线和横线，采用对齐方式中的分布式对齐进行对齐调整。

3）绘制一个圆，将多出来的线段删除，画出向日葵的花蕊，再将花瓣和花蕊组合在一起。

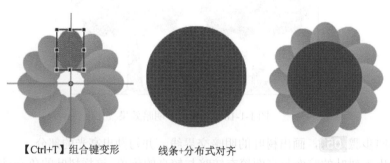

【Ctrl+T】组合键变形　　　　线条+分布式对齐

图 1-1-21　向日葵的绘制方法

任务 1.2　绘制交通工具——公交车

任务目的

通过本任务的学习，学会基本绘图工具的设置和运用，同时结合变形工具的运用及光影效果，绘制出具有一定明暗效果的物体图形。

任务分析

本任务主要学习物体光影效果的绘制，以公交车为例进行绘制练习，绘制具有一定明暗效果的公交车图，如图 1-2-1 所示。

图 1-2-1　公交车效果图　　　　　　　　　　　　绘制公交车

相关知识

1．物体表面色彩的形成

没有光的照射，物体就不能被人们看见，物体呈现的颜色是物体色、光源色和环境色 3 个因素综合后的颜色，如图 1-2-2 所示，可以看到，橙子表面的色彩不是一成不变的，不同的部位有不同的色彩。若在绘画时，只对物体填充一种颜色，即平涂物体色，则物体就没有立体感，如图 1-2-3 所示。

1）物体色：物体色是眼睛看到的物体颜色，是光被物体反射或透射后的颜色。通常把这些本身并不发光的色彩统称为物体色。例如，红旗的物体色是红色，柠檬的物体色是柠檬黄，草的物体色是绿色等。

2）光源色：光源一般有自然光、阳光和灯光等。光源色是指照射物体光线的颜色。例如，一个石膏像由红色光照射时，其受光部位会呈红色，若改蓝光照射那么就呈蓝色；红旗在日光下呈红色，在蓝光下呈紫色，而在绿光中呈黑色。

光照的强度及角度也会改变物体色。例如，红旗在标准日光下呈红色，在强光下变成淡红色，在弱光下则会呈现偏紫的暗红色。

3）环境色：一个物体受到周围物体反向颜色的影响所引起的物体固有色的变化。例如，一匹马在草地上，它的腹部就呈绿色；穿大红上衣的人，他的下巴部位就呈暗红色。

环境色通常出现在物体的阴影部分，作为一种反射光出现。浅色的物体更容易受到环境色的影响。

图 1-2-2　物体表面的色彩呈现

图 1-2-3　平涂物体色

2. "三面五调"

由于光的反射和折射，以及在不同介质上表现出来的不同性质，所以产生了物体表面的明暗不同。光源直接照射的部分称为受光面；光源照射不到的部分称为背光面；当然，事物不止两个极端，中间部分称为中间调子，即侧光面。

物体的明暗层次可概括为三大面，细分为五大调子，它们以一定的色阶关系联成一个统一的明暗变化的基本规律，俗称"三面五调"，如图 1-2-4 所示为三面五调参考图。

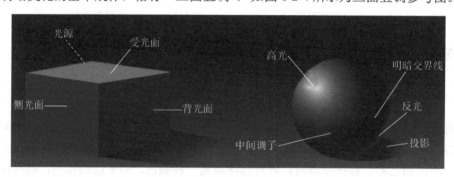

图 1-2-4　三面五调参考图

1）受光面（亮面）：物体受光直射的地方，这部分受光最大，调子淡。亮部的受光焦点叫"高光"，是物体上最亮的一个点，一般只有光滑的物体才出现。

2）中间调子（灰面或侧光面）：物体受光侧射的部分，是明暗交界线的过渡地带，色阶接近，层次丰富。

3）明暗交界线：受到环境光的影响，但又不受主要光源的照射，因此，对比强烈，给人的感觉是调子颜色要深。

4）反光：暗部由于受周围物体的反射作用，会产生反光。反光作为暗部的一部分，一般要比亮部最深的中间颜色要深。

5）投影：就是物体本身影子的部分，它作为一个大的色块出现，也算五调之一。投影的边缘近处清楚，渐远处模糊。

物体的受光情况跟物体与照射光线之间的距离和角度有密切关系。

1）物体各部分因距光线的远近而有明暗差异。朝向光线时，越近越亮。

2）物体各部分与光线所成角度也影响明暗变化。朝向光线时，与光线越垂直越亮。

3．物体立体感的表现方法

"三面五调"是塑造物体立体感的主要法则，也是表现物体质感、量感和空间感的重要手段，以下介绍用 Flash 软件绘制有立体感的物体的方法。

1）先画好物体的基本轮廓，再平涂物体色，如图 1-2-5 所示。

2）根据光源的位置确定物体的 3 个面，即亮面、灰面和暗面，如图 1-2-6 所示。

图 1-2-5 石头轮廓及上色　　　　　　图 1-2-6 亮、灰、暗面

3）在物体色的基础上将颜色调亮或调暗，分别填充在物体的亮部、暗部和投影处，如图 1-2-7 所示。

图 1-2-7 石头效果

任务实施

操作要求：要求绘制的公交车比例协调，光影效果合理。

技能点拨：使用矩形工具绘制车体轮廓，再使用选择工具进行线条调整，使用线条工具绘制车体细节线条等，使用颜料桶工具上色，最后使用线条工具结合选择工具绘制明暗交界线，使用颜料桶工具上色。

01 使用矩形工具 □ 【R】在舞台上绘制一个无填充的矩形，再用线条工具 ＼ 【N】绘制一条直线作为公交车的外形轮廓，如图 1-2-8 所示。

绘制线条时按住【Shift】键可绘制水平、垂直或 45° 的直线。

02 使用选择工具 ▶【V】调整公交车的外形轮廓，效果如图 1-2-9 所示。

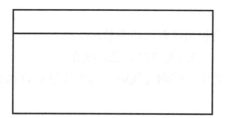

图 1-2-8　公交车外形轮廓

图 1-2-9　调整后的外形轮廓

03 使用线条工具 ＼【N】画出车的车窗和反光镜，使用椭圆工具 ◯【O】切出轮框等结构线，如图 1-2-10 所示。

04 用选择工具 ▶【V】修整各部分造型，使线条圆滑，如图 1-2-11 所示。

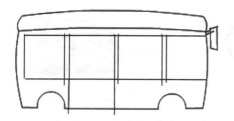

图 1-2-10　绘制公交车的内部结构

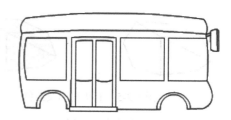

图 1-2-11　修整后的公交车

05 新建图层，使用基本椭圆工具 ◯ 并按住【Shift】键绘制一个正圆，使用部分选取工具 ▶【A】调节内环半径。接着在空白位置绘制一条水平线，按【Ctrl+T】组合键打开"变形"面板，输入旋转角度 20°，然后反复单击"重置选区和变形"按钮，将两个图形拼合起来，然后按【Ctrl+B】组合键将圆环打散，最后将多余的线删除，如图 1-2-12 所示。

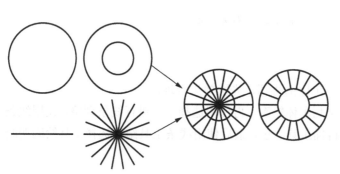

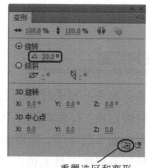

重置选区和变形

图 1-2-12　车轮绘制过程

小贴士

基本椭圆工具和椭圆工具最大的区别是它容易实现扇形和圆环的绘制。先绘制一个基本椭圆，然后使用选择工具或部分选取工具移动外部的控制点将形成不同角度的扇形，移动内部的控制点将形成不同半径的圆环，如图 1-2-13 所示。

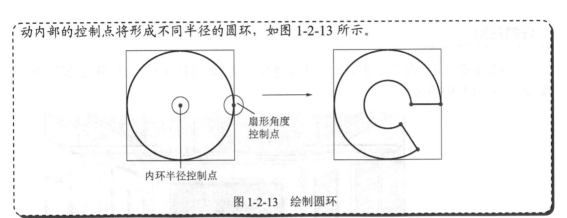

扇形角度
控制点

内环半径控制点

图 1-2-13　绘制圆环

06　使用颜料桶工具 【K】给完成的线稿填充各部分的基本色，如图 1-2-14 所示。

07　使用线条工具 【N】，设置笔触颜色为亮绿色（#33FF00），画出公交车各部分的明暗交界线。在暗面填充较暗的颜色，在亮面填充较亮的颜色，分出层次，如图 1-2-15 所示。

图 1-2-14　填充基本色　　　　　　　图 1-2-15　绘制明暗交界线

08　删除明暗交界线，预览最终效果。

实践探索

根据学习的光影原理绘制卡通直升飞机，效果如图 1-2-16 所示。

图 1-2-16　卡通直升飞机　　　　　　　　　绘制直升飞机

任务 1.3　绘制室内效果图——教室

任务目的

通过本任务的学习，熟练掌握 Flash 常用绘图工具的用法，掌握并会运用透视原理绘图。

─任务分析─

本任务主要实现室内效果图的绘制，根据透视原理绘制出具有一定光影效果的教室内部效果图，如图 1-3-1 所示。

绘制教室

图 1-3-1　教室内部效果图

■ 相关知识

1. 透视的基本原理

透视的基本原理是"近大远小、近实远虚"，离得近的物体看起来大，离得远的物体看起来小。视线中的物体远到差不多快在视线中消失的时候，在视觉概念上就变成了一个点。

1）视平线：与画者眼睛平行的水平线。

2）消失点：又称"灭点"。它是透视点的消失点，在不同的透视中对灭点有不同的解释，在平行透视中只有一个灭点，而在成角透视中则有两个灭点。

3）心点：画者眼睛正对着视平线上的一点。

4）视点：画者眼睛所在的位置。

5）余点：在画面的视平线上，除心点、距点外，其余的点统称余点。

6）天点：近高远低的倾斜物体（房子房盖的前面），消失在视平线以上的点。

7）地点：近高远低的倾斜物体（房子房盖的后面），消失在视平线以下的点。

8）距点：将视距的长度反映在视平线上心点的左右两边所得的两个点。

2. 三种透视

（1）平行透视（一点透视）

日常接触的物体多为六面体，如建筑物、桌椅、床、车等，不管这些物体形状如何不同，都有上下、前后、两侧 3 种面，只要有一种面与画面成平行的方向，就称为平行透视，如图 1-3-2 所示。由于平行透视只有一个消失点，因此也称为一点透视。

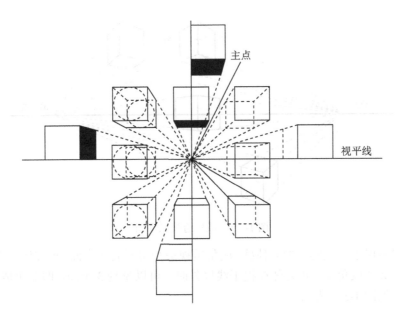

图 1-3-2　平行透视原理图

　　一点透视可以很好地表现出远近感，常用来表现笔直的街道、整齐的室内等场景，如图 1-3-3 和图 1-3-4 所示。

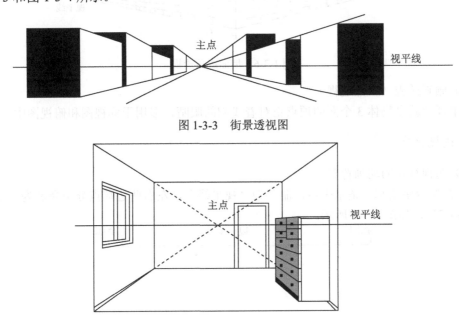

图 1-3-3　街景透视图

图 1-3-4　室内透视图

（2）成角透视（两点透视）

　　当物体的两个面都与画面成一定角度，这种物体的透视称为成角透视。物体两个侧面的线条是向视平线上左右两个消失点集中，因此成角透视也称为两点透视，如图 1-3-5 所示。

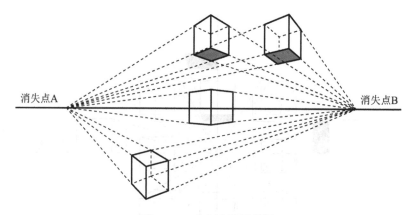

图 1-3-5　成角透视原理图

　　成角透视多用于表现物体的立体感，成角透视最少可看到 2 个面。正方体在视平线上时，可以见到左右 2 个成角面。正方体在视平线以外时，可以见到 3 个面，即 2 个成角面和 1 个顶面或底面，如图 1-3-6 所示。

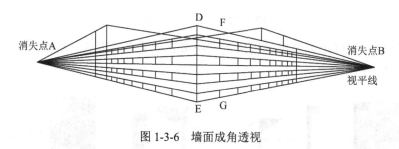

图 1-3-6　墙面成角透视

（3）倾斜透视（三点透视）

简单理解就是物体 3 个面的顶点正对着我们的眼睛，多用于仰视图和俯视图中。

3. 透视背景

（1）俯视视角的动画背景

1）在舞台中绘制一条水平线，命名为"视平线"，左右两边端点分别命名为"余点 1"和"余点 2"，如图 1-3-7 所示。

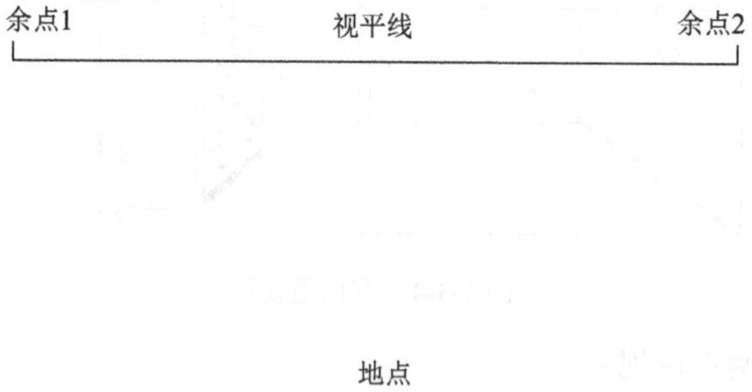

余点1　　　　　　　　　视平线　　　　　　　余点2

地点

图 1-3-7　辅助线

2）在视平线以下、两个余点之间绘制一条垂直线段。

3）垂直线段的两个端点分别与两个余点连接，并连接地点，如图 1-3-8 所示。

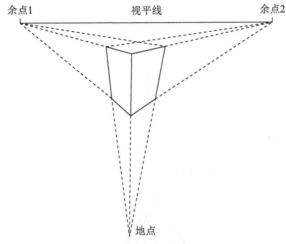

图 1-3-8　俯视透视线的绘制

4）利用平行视角绘制门窗的方法，就能够完成这幅俯视效果透视图，如图 1-3-9 所示。

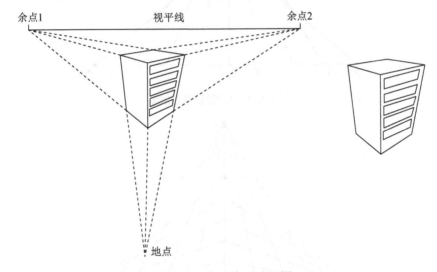

图 1-3-9　俯视效果透视图

（2）仰视视角的动画背景

仰视视角是指镜头从低处向上看，物体所产生的透视效果，多用来表现高大、壮观的物体。

1）在舞台中绘制一条水平线段，命名为"视平线"，在视平线上方确定一点，命名为"天点"，这个点就是物体向上的消失点。在视平线上再确定一点，这一点叫作心点，是观察者眼睛所在的位置，如图 1-3-10 所示。

2）在视平线与天点之间绘制一条水平线段，并连接天点与水平线段的两个端点，如图 1-3-11 所示。

3）利用同样的方法绘制其他物体，如图 1-3-12 所示。

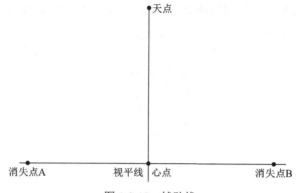

图 1-3-10 辅助线

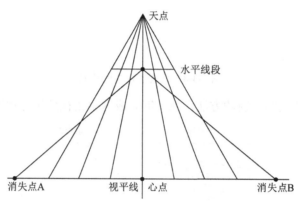

图 1-3-11 仰视透视线绘制

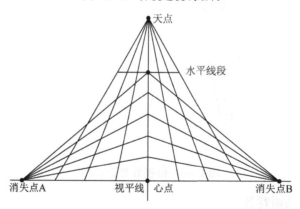

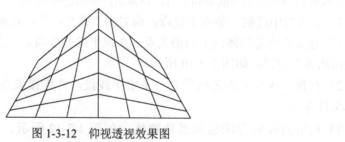

图 1-3-12 仰视透视效果图

·任务实施·

1. 绘制教室墙面

操作要求：要求绘制的教室具有空间感，透视把握合理。

技能点拨：使用线条工具绘制室内的透视辅助线，再使用线条工具进行墙面的绘制，使用颜料桶工具上色，最后使用线条工具结合选择工具绘制明暗交界线。

01　使用线条工具　【N】绘制辅助线，如图 1-3-13 所示。

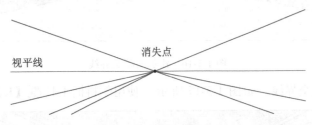

图 1-3-13　透视辅助线

02　使用线条工具　【N】和选择工具　【V】绘制教室三面墙的线条效果，如图 1-3-14 所示。

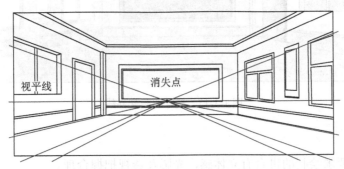

图 1-3-14　教室墙面线条效果图

03　使用颜料桶工具　【K】给完成的线稿填充各部分的基本色，如图 1-3-15 所示。

图 1-3-15　填充基本色

04　使用铅笔工具　【Y】，设置笔触颜色为亮绿色（#33FF00），画出各部分的明暗交界线，然后在最后面填充较暗的颜色，高光部分填充较亮的颜色，分出层次，突出室内的立体感，如图 1-3-16 所示。

图 1-3-16　添加明暗交界线

05 删除明暗交界线，如图 1-3-17 所示。使用颜料桶工具 【K】填充窗户颜色。

图 1-3-17　删除明暗交界线

2. 绘制讲台

操作要求：要求绘制的讲台有立体感，光影及透视把握合理。

技能点拨：使用线条工具结合选择工具绘制出讲台的外轮廓，使用颜料桶工具上基本色，最后使用线条工具结合选择工具绘制明暗交界线，并填充阴影色。

01 使用矩形工具 【R】、线条工具 【N】和选择工具 【V】绘制讲台桌的轮廓，如图 1-3-18 所示。

02 使用颜料桶工具 【K】给讲台填充基本色——浅褐色（#C17623），如图 1-3-19 所示。

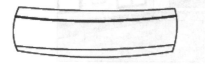

图 1-3-18　讲台轮廓　　　　　　　　图 1-3-19　填充基本色

03 使用铅笔工具 ✏【Y】，设置笔触颜色为红色（#FF0000），画出各部分的明暗交界线，然后在最后面填充较暗的颜色，分出层次，如图 1-3-20 所示。

图 1-3-20　绘制讲台明暗效果

3. 绘制书桌

操作要求：要求绘制的桌子有立体感，透视把握合理。

技能点拨：使用矩形工具绘制出书桌的外轮廓，使用颜料桶工具上色，再使用线条工具结合选择工具绘制明暗交界线，并填充阴影色。

01 新建一个图层，命名为"书桌"，在舞台上绘制两个矩形，填充色为浅棕色（#946800），排列成桌面的样子，如图 1-3-21 所示。

图 1-3-21　桌面效果

02 按住【Alt】键同时拖动上面的小矩形，复制一个矩形，使用任意变形工具 ▦【Q】，然后按住【Alt+Shift】组合键的同时拖动右上角的变形点向中间拖动进行透视变形，如图 1-3-22 所示。

图 1-3-22　桌面透视变形效果

03 使用矩形工具 ▢【R】和线条工具 ＼【N】绘制书桌的两条桌脚，如图 1-3-23 所示。

04 选中绘制好的两条桌脚，复制到空白位置，执行"修改→变形→水平翻转"命令将桌脚水平翻转，然后移动到合适的位置，如图 1-3-24 所示。

图 1-3-23　绘制桌脚

图 1-3-24　对称复制桌脚

05 全部选中，按【Ctrl+G】组合键将书桌各部分进行组合。

06 利用绘制书桌的方法绘制椅子，过程如图 1-3-25 所示。

07 选中椅子，按【Ctrl+G】组合键将椅子进行组合，然后将其移动到书桌前，如图 1-3-26 所示。

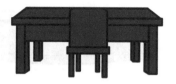

图 1-3-25　椅子绘制过程　　　　　　　　　　　图 1-3-26　排列桌椅

08 参照步骤 **01** ～步骤 **07** 的方法，绘制其他角度的书桌，效果如图 1-3-27 所示。

图 1-3-27　绘制水平对称的书桌

09 在教室中，将讲台、书桌排列在合适的位置，如图 1-3-28 所示。

图 1-3-28　排列教室内的物品

借助辅助线绘制左右对称物体，进行水平翻转，如图 1-3-29 所示。

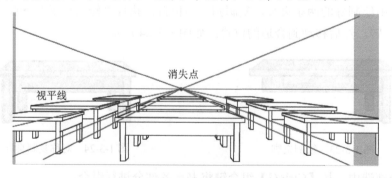

图 1-3-29　绘制左右对称物体

4. 绘制日光灯

操作要求：要求绘制出日光灯。

技能点拨：使用矩形工具绘制日光灯及灯罩，使用颜料桶工具上色。

01 新建图层，命名为"日光灯"，使用矩形工具 ▣【R】、线条工具 ╲【N】绘制出日光灯管的轮廓，然后选中灯管，将其组合，如图 1-3-30 所示。

02 绘制一个矩形，运用任意变形工具 ▦【Q】将矩形变成上窄下宽的梯形灯罩，如图 1-3-31 所示。

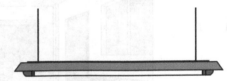

图 1-3-30 日光灯管效果 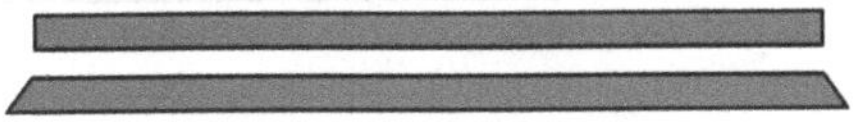　　　　　　　　　图 1-3-31 灯罩绘制过程

03 绘制一个矩形，填充深紫色（#6900FF）并与灯罩和灯管组合，最后调节上下层次，效果如图 1-3-32 所示。

04 使用线条工具 ╲【N】绘制日光灯的吊线，如图 1-3-33 所示。

图 1-3-32 组合灯罩灯管　　　　　　　　　图 1-3-33 日光灯最终效果图

05 选中并组合日光灯的所有部分，复制并排列日光灯，效果如图 1-3-34 所示。

图 1-3-34 排列日光灯后效果图

5. 绘制教室光线

操作要求：要求绘制光影及合理把握透视。

技能点拨：使用线条工具绘制出窗外的光线，使用颜料桶工具上色。

01 新建图层，命名为"光线"，在窗口绘制光线的外轮廓，如图 1-3-35 所示。

图 1-3-35　绘制窗口的阳光外轮廓

02 填充白色的线性渐变，设置 Alpha 的取值范围为 0%～40%，如图 1-3-36 所示。

图 1-3-36　填充光线效果

03 用前面学习的方法绘制教室内桌椅的光影，预览最终效果。

实践探索

根据学习的透视原理，绘制卧室效果，如图 1-3-37 所示。

图 1-3-37　卧室效果图　　　　　　　　　　　　绘制卧室

任务 1.4　绘制卡通动物——可爱的小马

任务目的

通过本任务的学习，熟练使用 Flash 常用绘图编辑工具，掌握卡通动物的绘制方法。

任务分析

本任务主要实现卡通动物效果图的绘制，即以可爱的小马为例，绘制出比例协调、造型可爱的小马效果图，如图 1-4-1 所示。

图 1-4-1　卡通小马最终效果图

绘制可爱的小马

任务实施

操作要求：要求绘制的马比例协调、造型可爱。

技能点拨：使用线条工具绘制马的轮廓结构，再使用选择工具调整线条；使用线条工具绘制马的毛发及尾巴等细节，使用颜料桶工具上色；最后使用线条工具结合选择工具绘制明暗交界线，使用颜料桶工具上色。

01 使用线条工具 ＼【N】在舞台上绘制一个小马的外轮廓，如图 1-4-2 所示。

02 使用选择工具 ▶【V】修整各部分造型，使线条圆润，如图 1-4-3 所示。

03 新建图层，使用线条工具 ＼【N】绘制出马的五官和鬃毛，封闭五官和鬃毛，避免之后无法填充颜色，如图 1-4-4 所示。

图 1-4-2　小马外轮廓

图 1-4-3　修整后的外轮廓

图 1-4-4　绘制马的五官和鬃毛

04 使用颜料桶工具 ◇【K】为马填充基本色，如图 1-4-5 所示。

05 使用线条工具 ╲【N】，设置笔触颜色为红色（#FF0000），画出明暗交界线，如图 1-4-6 所示，为高光部分填充较亮的颜色，分出层次。

图 1-4-5　填充基本色

图 1-4-6　绘制明暗交界线

06 删除明暗交界线，预览效果图。

实践探索

根据学习的动物绘制方法绘制一只蜗牛，效果如图 1-4-7 所示。

图 1-4-7　蜗牛效果图

任务 1.5　绘制卡通人物——小女孩

任务目的

通过本任务的学习，熟悉 Flash 常用绘图编辑工具，了解人物角色特点，如头部及身体的比例结构等，掌握卡通人物的绘制方法。

任务分析

本任务主要实现卡通人物的绘制，要求绘制出比例合理、特征鲜明的卡通人物效果图，如图 1-5-1 所示。

图 1-5-1　卡通人物效果图　　　　　　　　　　　绘制小女孩

■ **相关知识**

在所有绘画中，人物绘画是最难把握的。人物绘画的重点是形的把握，因此，要想设计出栩栩如生的动画人物，首先必须掌握好人物绘画的基础，如人体的结构、比例及各部分的画法。鉴于读者主要为动画爱好者，本书主要以 Q 版人物的特点为例进行介绍。

1. 人物特点

Q 版人物有很多种性格类型，根据外形风格来划分，一般分为欧美风格和日系风格两大类。

一般 Q 版人物的主要特点是大头、窄肩、短手、短脚、夸张、可爱，脸大、眼睛大、嘴巴小，下半身一般要瘦小一些，如图 1-5-2 所示。

在设计具有个性特点的 Q 版人物时要大胆地夸张人物特有的特点，如图 1-5-3 所示，小胡子、小礼帽、发、伞……都是 Q 版卓别林的象征。

图 1-5-2　Q 版人物　　　　　　　　　　图 1-5-3　Q 版卓别林

2. 身体结构比例特点

在绘制 Q 版人物的时候有一定的头身比例范围，一般用 2 头身到 4 头身来表现，具体介绍如下。

婴儿：身形胖乎乎的，头显得特别大，宽额头，看不到脖子，身长是等分，脚要短些。

儿童：头较大，手脚的线条较细且比较短。

年轻女性：线条比较细腻，肩部略斜，整体成曲线形，腰部很细，胸部隆起，臀部较大，脚踝较细。

年轻男性：线条有力，肩部较宽，胸部成扇形，腰比肩窄，脖子较粗，脚较大。

中年女性：要比年轻女性更强调曲线，眼睛略小，微胖，脚踝较粗。

中年男性：比年轻男性略胖，头发较稀疏。

老年女性：弯腰驼背，肩部略斜，膝盖略微弯曲。

老年男性：弯腰驼背，两脚分开、有点弯曲，肩部较窄。

改变头身比例就是改变人物的体型。通过把握人物的头身比，结合人物特点可以表现出各种不同的人物角色，一家祖孙三代 Q 版人物如图 1-5-4 所示。

图 1-5-4　祖孙三代 Q 版风格头身比例图

3. 头部的五官比例

在绘制 Q 版人物的脸时，脸部的线条会越来越圆润，根据人物自有的风格，可以通过各种多边形来转变人物的脸型。

虽然人会有男女老少的区别，但头部五官的比例基本上是一致的，绘画中提到的"三庭五眼"就是我们头部的五官比例，如图 1-5-5 所示。

"三庭"即"从发际线到眉线的距离=眉线到鼻底线的距离=鼻底线到下颏线的距离"，这 3 部分的距离大致相等。

"五眼"即"外眼角到耳屏的距离=两眼之间的距离=一个眼睛的长度"，从正面看人的头部宽度是五个眼睛的距离。而眼睛的位置在写实头部的比例中正好在从头顶到下颏的 1/2 处，耳朵的位置大致在眉线和鼻底线之间。

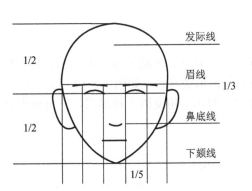

图 1-5-5　"三庭五眼"示意图

4. 脸部结构特点

婴儿：婴儿的五官都集中在脸部的下半部位，如图 1-5-6 所示。

儿童：眼睛大大的，口、鼻小小的。眼睛的位置在脸部 1/2 以下的部位，下巴的曲线是圆的，眼睛和眉毛的位置距离远，如图 1-5-6 所示。

年轻女性：眼睛大致在脸部 1/2 的位置。眼睛大大的，唇、眉、下巴的线条越柔和，越能体现女性特征，如图 1-5-7 所示。

年轻男性：眼睛在脸部 1/3 的部位。眼睛细细的，口、鼻较大，下巴的线条较粗犷，眉毛粗一点比较能体现男性特征，如图 1-5-7 所示。

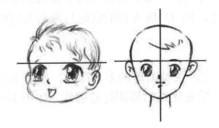

图 1-5-6　婴儿与儿童脸部结构

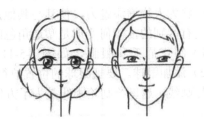

图 1-5-7　年轻男女脸部结构

中年人：中年人的眼睛比年轻人的要细小，而且眼睛和嘴的周围有细小的皱纹，男性的脸部棱角分明，女性的脸则稍微丰满些，如图 1-5-8 所示。

老年人：老年男性脸部的骨骼最为凸出，女性则稍为丰满些，他们的口、眼、鼻四周都有很明显的皱纹，一般来说眼睛都是细细的，如图 1-5-9 所示。

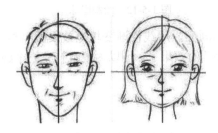

图 1-5-8　中年人脸部结构

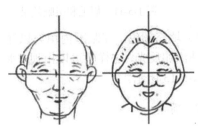

图 1-5-9　老年人脸部结构

5. 面部轮廓

在卡通绘制时会采用夸张、对比、增减等方法来突出表现人物的不同。脸形大致分为方块形、三角形、梨形、菱形、圆形等几种，如图 1-5-10 所示，由这几种基本形状衍生出更多的形状，如圆形可分为正圆、月形、角度圆 3 种形状，三角形也有正三角形与不等边三角形之分。

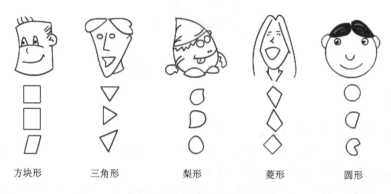

图 1-5-10　卡通面部轮廓图

6. 眼睛

眼睛是心灵的窗户，眼睛在人物塑造中是一大关键点，一双精致且带着丰富情感表现的眼睛能够为人物增添魅力，使其与其他角色区分开来。而 Q 版人物的眼睛与漫画人物的眼睛也是有区别的，如何变形是塑造角色的关键。

1）制作眉毛和眼眶，如图 1-5-11 所示。

2）添加眼球。要把眼球的位置放得稍微靠上一点，去掉眼球的多余部分，然后画出眼白的轮廓线。这里绘制轮廓线是为了方便填充眼白，填充完成后要删除轮廓线，如图 1-5-12 所示。

图 1-5-11　眉毛和眼眶效果　　　　　　　图 1-5-12　绘制眼球

3）填充颜色。在眼眶内填充以深蓝色为主调的渐变，用线性渐变填充效果做出眼白，为眼球添加反光，这样就可以出现"水灵灵的大眼睛"的效果了，可以为眼睛补充一个瞳孔，如图 1-5-13 所示。

7. 嘴

在漫画里，嘴是比较好表现的部位，有时只需要一条线就可以表现出来。

如果要绘制张开的口，就一定要知道口里面的构造：牙齿、舌头和咽部。一般来说，在卡通画中不会画出牙龈和咽部，也不会画出牙齿的具体形状，如图 1-5-14 所示。

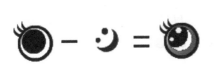

图 1-5-13　填充和丰富眼睛

图 1-5-14　嘴部表现手法

8. 表情

表情是人类表现内心世界的媒介，因此在人物创作过程中，要想将动画中的人物变成有血有肉的生命需着重表现人物的表情。角色的魅力不单单只是有一张出众的面孔，更多的时候取决于精彩而丰富的表情。脸部表情的变化，是刻画人物的关键。通过人物面部表情，欣赏者可了解人物内心的感受。丰富的表情富有极大的魅力，可以让动画达到锦上添花的效果。

人物常用的面部表情有微笑、大笑、愤怒、悲伤、哭、疲惫、惊讶、不安、害羞等。

笑的特点：眉毛和嘴角弯弯的，弯的幅度与笑的程度成正比。

怒的特点：眉毛紧拧，眼睛和眉毛挤在一起，眉梢向上挑起，嘴角向反方向弯曲。

哭的特点：眉毛和眼角拉下来，脸上挂着泪水。

学习绘制脸部表情，可以先从模仿别人的作品开始。平时还要多注意观察，在绘画时要倾注感情，才能画好各种表情，如图 1-5-15 所示。

微笑　　　惊讶　　　气愤　　　为难

图 1-5-15　表情的表现

9. 手脚的画法

在人体的所有部位当中，手是很难表现的，既不能过长也不能过短，而且手指变化状态很难把握，但在卡通制作中，我们已经将其简化了，也就是卡通常用的"四指之手"。通常人物都是五个手指，卡通简化成四个手指后，也具有相同的表现力，而且绘制简单灵活。如图 1-5-16 所示，用四个手指的手来表现不同的情况。脚的动作相比手部而言要少得多，但是与手部一样，无论如何变化，脚部各关节间骨节的比例还是不变的。我们可以把脚的结构看成块状的立体结构，这样会容易很多。

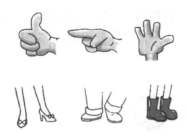

图 1-5-16 手脚的绘制技法

任务实施

操作要求：要求绘制的小女孩比例协调、神情可爱。

技能点拨：使用椭圆工具、线条工具结合选择工具绘制头、眼睛、耳朵；再使用线条工具结合选择工具绘制人体其他部分，使用颜料桶工具上色；最后使用线条工具绘制明暗交界线，使用颜料桶工具上色。

01 按【Ctrl+G】组合键新建组，使用椭圆工具 ○ 【O】绘制头的轮廓，设置笔触颜色为褐色（#4B1701），笔触大小为2，无填充色，如图 1-5-17 所示。

图 1-5-17 笔触设置对话框

02 使用线条工具 ＼ 【N】结合选择工具 ▶ 【V】绘制左耳朵，按住【Alt】键拖动复制右耳朵，执行"修改→变形→水平翻转"命令，再用选择工具 ▶ 【V】调整形状，如图 1-5-18 所示。

小 贴 士

1）可以用复制/粘贴的方法绘制第 2 只耳朵，这样可以达到完全的对称。

2）Flash 复制/粘贴的快捷方法：按住【Alt】键，同时将要复制的部分选中并从原身体上拖出，然后先释放鼠标再松开【Alt】键。

03 使用线条工具 ＼ 【N】和选择工具 ▶ 【V】绘制女孩的发际，如图 1-5-19 所示。

图 1-5-18 耳朵的绘制　　　　　　　　　　图 1-5-19 女孩的发际效果

04　使用椭圆工具【O】、线条工具✎【N】和选择工具➤【V】绘制女孩的五官，如图 1-5-20 和图 1-5-21 所示。

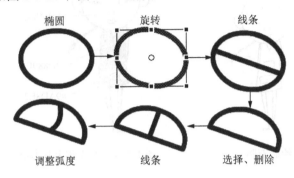

图 1-5-20　眼睛绘制过程

图 1-5-21　绘制鼻子和嘴

05　使用线条工具✎【N】和选择工具➤【V】，绘制辫子的基本形状，如图 1-5-22 所示。

06　在空白位置双击，退出编辑组状态，按【Ctrl+G】组合键新建一个组，使用线条工具✎【N】和选择工具➤【V】绘制裙子，如图 1-5-23 所示。

图 1-5-22　绘制辫子

图 1-5-23　绘制裙子

小 贴 士

借助不同的发型可以展示不同的人物性格。

07　使用线条工具✎【N】和选择工具➤【V】绘制女孩的两只手臂，如图 1-5-24 所示。

08　在空白位置双击，退出编辑组状态，按【Ctrl+G】组合键新建一个组，使用线条工具✎【N】和选择工具➤【V】绘制女孩的双腿，如图 1-5-25 所示。

09　在完成的线稿上定出人物各部分的基本色，并使用颜料桶工具✎【K】进行填充，如图 1-5-26 所示。

图 1-5-24 绘制手臂

图 1-5-25 绘制双腿

#4B1701

#FBE9C4

#2D889F

#9AD3E2

图 1-5-26 给女孩上基本色

小 贴 士

绘制双腿时可以用复制/粘贴的方法，这样可以达到完全对称。

 使用刷子工具 ✐【B】在人物脸颊两侧刷出粉色红晕，如图 1-5-27 所示。

11 使用铅笔工具 ✐【Y】，设置笔触颜色为红色（#FF0000），绘制人物各部分的明暗交界线。然后在暗面填充上较暗的颜色，分出层次，突出人物的立体感，如图 1-5-28 所示。

图 1-5-27 绘制脸上的红晕

图 1-5-28 绘制明暗交界线

12 删除明暗交界线，预览效果图。

实践探索

根据学习的人物绘制方法，绘制小男孩，效果如图 1-5-29 所示。

绘制小男孩

图 1-5-29 小男孩效果图

任务 1.6 绘制卡通人物三视图——小女孩转身

任务目的

通过本任务的学习，掌握角色各视图的绘制方法和技巧。

任务分析

本任务主要实现卡通人物三视图的绘制，绘制出符合原型人物基本特点且角度合理、表现充分、动作到位的三视图，完成人物转身的主要动作图，效果如图 1-6-1 所示。

图 1-6-1 卡通女孩三视图效果图

绘制小女孩转身

任务实施

操作要求：人物绘制的效果符合原型人物特点，角度合理，表现充分，动作到位。

技能点拨：使用"标尺"绘制辅助线，参照正面视图调整或重新绘制 45° 和 90° 的视图。

01 打开任务 1.5 中实例图，按【Ctrl+Alt+Shift+R】组合键打开标尺，从标尺上拖出辅助线至人物头顶、脚底、左右边界处。然后按住【Alt】键并拖动鼠标，从原图复制出另一个女孩到原图右侧，如图 1-6-2 所示。

02 选中女孩的五官，按住键盘左方向键将其向左移动，根据人物透视原理使用任意变形工具 【Q】将女孩的左眼和脸上的小红晕调整得扁一点，如图 1-6-3 所示。

图 1-6-2 复制女孩

图 1-6-3 调整面部五官

[03] 使用选择工具 ▶ 【V】调整女孩的头发，再将女孩的耳朵向右移动，如图 1-6-4 所示。

[04] 使用选择工具 ▶ 【V】将女孩的衣领和裙子上的口袋向左调整，如图 1-6-5 所示。

[05] 使用选择工具 ▶ 【V】将女孩的手臂和腿进行调整，这样女孩的45°侧面图就完成了，如图 1-6-6 所示。

图 1-6-4　移动耳朵

图 1-6-5　左移衣领口袋

图 1-6-6　修改手臂和腿

[06] 选中 45°侧面女孩，按住【Alt】键并拖动鼠标，从原女孩处复制出另一个女孩，用来制作女孩 90°的侧面图，如图 1-6-7 所示。

[07] 使用选择工具 ▶ 【V】将女孩的五官向左移动，然后删掉一只眼睛，将鼻子和嘴巴进行修改，如图 1-6-8 所示。

图 1-6-7　复制 45°侧面女孩

图 1-6-8　修改五官

[08] 删掉女孩的左耳，使用线条工具 ＼ 【N】和选择工具 ▶ 【V】绘制女孩侧面的头发，并调整女孩的辫子，如图 1-6-9 所示。

[09] 使用线条工具 ＼ 【N】和选择工具 ▶ 【V】修改女孩的裙子，如图 1-6-10 所示。

[10] 删掉女孩的左手，使用线条工具 ＼ 【N】和选择工具 ▶ 【V】重新绘制女孩的手臂和腿，如图 1-6-11 所示。

图 1-6-9　调整女孩辫子

图 1-6-10　修改女孩裙子

图 1-6-11　绘制女孩手臂和双腿

实践探索

　　根据学习的小女孩三视图的绘制方法，尝试绘制小猴的正面 90° 和 180° 效果图，效果如图 1-6-12 所示。

图 1-6-12　小猴三视图效果图

绘制小猴子三视图

项目 2

逐 帧 动 画

逐帧动画是一种常见的动画形式，其原理是在"连续的关键帧"中分解动画动作，即在时间轴上逐帧绘制不同的内容，使其连续播放而形成动画。

因为逐帧动画的帧序列内容不一样，不但给制作增加了负担，而且最终输出的文件量也很大，但它的优势也很明显：逐帧动画具有非常大的灵活性，几乎可以表现任何想表现的内容，而它类似于电影的播放模式，很适合表演细腻的动画。例如，人物或动物急剧转身、头发及衣服的飘动、走路、说话，以及精致的 3D 效果等。

学习目标

了解 Flash 中 3 种帧的操作。

理解逐帧动画的原理。

掌握用导入的静态图片建立逐帧动画的方法。

掌握绘制矢量逐帧动画的方法。

掌握制作文字逐帧动画的方法。

项 目 引 导

1. "时间轴"的构成

在所有的动画制作软件中，时间轴是制作动画的核心，所有的动画顺序、动作行为、控制命令及声音都是在"时间轴"中进行编排的。

"时间轴"是对帧和图层操作的区域，主要作用是组织和控制动画在一定时间内播放的图层数和帧数，并可以对帧和图层进行编辑。"时间轴"面板主要分为图层编辑区、帧编辑区、辅助工具栏及状态栏，面板的右侧有一个展开菜单按钮，如图 2-0-1 所示。

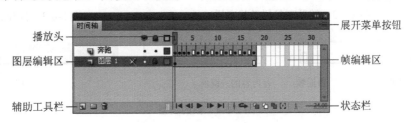

图 2-0-1 "时间轴"面板

"时间轴"面板中主要的组成部分如下：

1）图层编辑区：图层在动画中起到了很重要的作用，由于动画都是由多个图层组成的，因此可以在图层编辑区进行插入图层、删除图层、更改图层叠放次序等操作。

2）播放头："时间轴"中的红色指针称为播放头，用来指示当前所在的帧。在舞台中按【Enter】键，即可在编辑状态下运行影片，此时播放头也会随着影片播放而向右侧移动，指示出播放到的位置。

3）帧编辑区：帧是动画最基本的单位，大量的帧结合在一起就构成了"时间轴"。帧编辑区的主要作用是控制 Flash 动画的播放和对帧进行编辑。

4）辅助工具栏及状态栏：位于时间轴的最下方，其中包括基本操作工具和对帧进行编辑时用到的辅助工具，以及状态信息。在状态栏中将显示所选的帧编号、当前帧频及到当前帧为止的运行时间，如图 2-0-2 所示。

5）展开菜单按钮：单击"时间轴"面板右侧的展开菜单按钮，打开下拉列表，如图 2-0-3 所示。在该下拉列表中可以设置"时间轴"面板的显示方式等。

2. 帧的类型

与胶片一样，Flash 文档也将时长分为帧。在"时间轴"面板中，可使用这些帧来组织和控制文档的内容。用户在"时间轴"面板中放置帧的顺序将决定帧内对象在最终内容中的显示顺序。在 Flash CS6 默认的情况下，每秒动画被划分为 24 份，每一帧在播放时的显示时间为 1/24s。人眼难以觉察如此短暂的时间间隔，因此所看到的动画就是连续的画面。Flash 动画制作就是采用的这个原理，将一个个的画面利用帧连接起来，形成栩栩如生的动画。Flash

中帧的类型有 4 种：普通帧、有内容的关键帧、空白关键帧、属性关键帧，如图 2-0-4 所示。

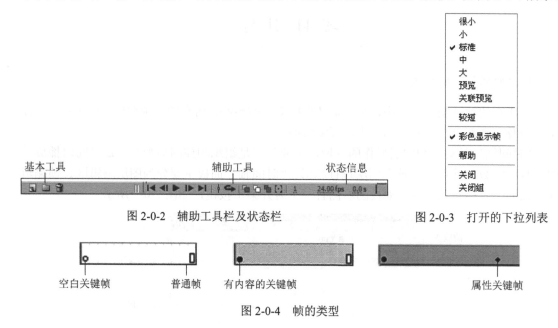

图 2-0-2　辅助工具栏及状态栏　　　　　　　　　图 2-0-3　打开的下拉列表

空白关键帧　　　普通帧　　有内容的关键帧　　　　　属性关键帧

图 2-0-4　帧的类型

（1）普通帧

普通帧是指不起关键作用的帧，其中的内容与它前面关键帧的内容相同，起着过渡和延长内容显示的作用。在"时间轴"面板中普通帧以空心矩形或单元格表示，按【F5】键可创建普通帧。在一幅动画中增加普通帧的帧数可延长动画的播放时间。

　　　普通帧在关键帧之间起缓慢过渡作用。在制作动画时，如果想延长动画的播放时间，可以在动画中添加普通帧，以延续上一个关键帧的内容，所以普通帧又称延长帧。此外，普通帧上不可以添加帧动作脚本。

（2）有内容的关键帧

关键帧是指在动画播放过程中，呈现出关键性动作或内容变化的帧。关键帧定义了动画关键的变化环节，在"时间轴"面板中用小圆圈来表示，如果关键帧中有内容则以一个黑色的实心圆圈来表示。按【F6】键可以创建关键帧。

　　　利用关键帧的方法制作动画，可以大大简化制作过程。只要确定动画中的对象在开始和结束两个时间的状态，并为它们绘制出开始帧和结束帧，Flash 会自动通过插帧的方法计算生成中间帧的状态。由于开始帧和结束帧决定了动画的两个关键帧状态，所以它们也属于关键帧。

（3）空白关键帧

空白关键帧中没有内容，主要用于在画面与画面之间形成间隔。空白关键帧用空心的小圆圈表示，一旦在空白关键帧中创建了内容，空白关键帧就会变为有内容的关键帧。按【F7】键可以创建空白关键帧。

（4）属性关键帧

属性关键帧用黑色菱形表示，是包含由用户显式定义的属性更改的帧，用户在其中定义对对象属性的更改以产生动画。Flash 能补间，即自动填充属性关键帧之间的属性值，以便生成流畅的动画。通过属性关键帧，不用画出每个帧就可以生成动画，因此，属性关键帧使动画的创建更为方便。

3. 帧的表示方法

在 Flash 中，不同动画形式的帧的显示状态也有所不同，因此通过"时间轴"面板中帧的不同表示形式，就可以区别该动画是哪类动画或哪类状况。

当"时间轴"面板中有连续的关键帧出现时，表示该动画为创建成功的逐帧动画，如图 2-0-5 所示。

当开始关键帧和结束关键帧用一个黑圆点表示，中间补间帧为淡紫色背景并被一个黑色箭头贯穿时，表示该动画为设置成功的传统补间动画，如图 2-0-6 所示。

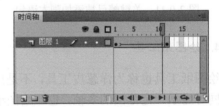

图 2-0-5　逐帧动画　　　　　　　　　　图 2-0-6　传统补间动画

当起始关键帧和结束关键帧都用一个黑圆点表示，中间补间帧为淡绿色背景并被一个黑色箭头贯穿时，表示该动画为设置成功的形状补间动画，如图 2-0-7 所示。

当起始关键帧用一个黑圆点表示，结束关键帧用一个黑色小菱形表示，中间补间帧为淡蓝色背景，表示该动画为设置成功的补间动画，如图 2-0-8 所示。

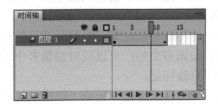

图 2-0-7　形状补间动画　　　　　　　　图 2-0-8　补间动画

骨骼动画是指一段具有绿色背景的帧表示反向运动（IK）姿势图层。姿势图层包含 IK 骨架和姿势，每个姿势在"时间轴"面板中显示为黑色菱形，如图 2-0-9 所示。

当起始关键帧和结束关键帧之间显示为一条无箭头的虚线时，表示该动画创建不成功，如图 2-0-10 所示。

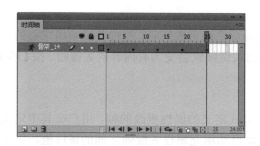

图 2-0-9　骨骼动画

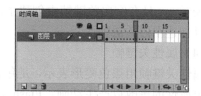

图 2-0-10　创建动画失败

当关键帧上添加了"a"标记，表示该关键帧中已被添加脚本语句，如图 2-0-11 所示。

当关键帧上有一面小红旗或两条斜杠标记，表示该关键帧中添加了标签或标注，如图 2-0-12 所示。

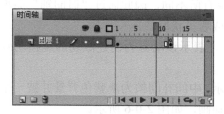

图 2-0-11　关键帧已被添加脚本语句

图 2-0-12　帧标签、帧标注

4. 绘图纸工具

绘图纸工具也称为洋葱皮工具，不是用来直接绘图的，而是为绘图提供方便的工具，它可以同时显示一定范围的多帧，也即绘图纸工具可以理解为是让多帧同时显示的工具，或者是同时查看多个帧的工具。

1）绘图纸工具的位置。

"时间轴"面板左下方，依次为绘图纸外观、绘图纸外观轮廓、编辑多个帧、修改标记。

2）以上 4 个子工具的作用。

① 绘图纸外观：打开后，显示播放指针两旁多帧的范围。其范围可以调整，按住范围"开始"或"结束"位置往两边拖动。当多帧层叠显示时，当前帧以正常颜色显示，可以编辑，其他帧以模糊颜色显示，不可编辑。

② 绘图纸外观轮廓：多帧画面以轮廓线的形式显示出来。

③ 编辑多个帧：可以同时编辑多个关键帧。

④ 修改标记。

a. 始终显示标记：无论"绘图纸外观"是否打开，总是显示外观标记。

b. 锚定标记：外观标记范围不随播放的改变而改变。

c. 标记范围 2、标记范围 5、标记整个范围：表示当前帧两边各显示多少帧。

5. 逐帧动画

逐帧动画是指在每个帧上都有关键性变化的动画，它由多个关键帧组合而成。逐帧动画需要更改每一帧中的舞台内容，并保存每个完整帧的值。因此，对于相同帧数的动画，逐帧动画比其他类型动画的文件要大得多，其"时间轴"面板如图 2-0-13 所示。

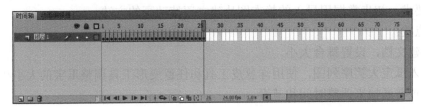

图 2-0-13 逐帧动画

6. 创建逐帧动画

（1）用导入的静态图片建立逐帧动画

将.jpg、.png 等格式的静态图片连续导入 Flash 中，就会建立一段逐帧动画。

（2）绘制矢量逐帧动画

绘制矢量逐帧动画即用鼠标或压感笔在场景中一帧帧地画出帧内容。

（3）文字逐帧动画

文字逐帧动画即用文字做帧中的元件，实现文字跳跃、旋转等特效。

（4）导入序列图像

导入序列图像是以导入.gif 序列图像、.swf 动画文件的方式或者利用第 3 方软件（如 SWiSH、Swift 3D 等）产生的动画序列。

任务 2.1   用导入的静态图片建立逐帧动画——瓜宝大笑

■ 任务目的

本任务的主要目的是熟悉 Flash 中帧的操作，掌握洋葱皮工具的使用方法。

─ 任务分析 ─

"瓜宝大笑"的动画效果如图 2-1-1 所示，通过仔细观察发现该动画是由一张张静态图片连续播放而建立的逐帧动画。

图 2-1-1 "瓜宝大笑"效果预览   瓜宝大笑

任务实施

操作要求：初步掌握用导入的静态图片建立逐帧动画的方法。

技能点拨：

1）新建文档，设置舞台大小。

2）导入瓜宝大笑序列图，使用洋葱皮工具和任意变形工具调整瓜宝的大小和位置。

3）通过普通帧来调整时间和节奏。

01 新建一个 Flash 文档，设置舞台大小为 150×150 像素，并按【Ctrl+S】组合键，将文件保存为"瓜宝大笑.fla"。

02 执行"文件→导入→导入到舞台"命令，选中"素材与源文件\项目 2\任务 2.1\素材\gbdx 1.png"的图片，单击"打开"按钮会提示是否导入序列图片对话框，单击"是"按钮导入图片序列，如图 2-1-2 所示。

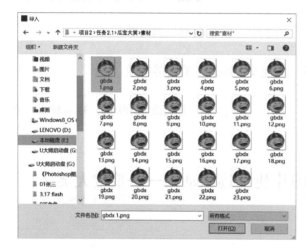

图 2-1-2　导入图片序列

03 使用洋葱皮工具和任意变形工具 【Q】同时调整图层 1 所有帧上图像的大小，如图 2-1-3 所示。

图 2-1-3　调整图像大小

> **小 贴 士**
>
> 单击洋葱皮工具即绘图纸工具中的绘图纸外观和编辑多个帧按钮，可以同时对多个帧进行操作。

04 通过测试动画发现，瓜宝大笑的速度太快，可在关键帧 1 后按 5 次【F5】键插入 5 个普通帧，用同样的方法在关键帧 2 后插入 3 个普通帧，在关键帧 3 后插入 4 个普通帧，在关键帧 4 和关键帧 5 后分别插入 3 个普通帧，在关键帧 6 和关键帧 7 后分别插入 1 个普通帧，在关键帧 8 到关键帧 19 后分别插入两个普通帧，在关键帧 20 和关键帧 21 后分别插入 1 个普通帧，在关键帧 22 和关键帧 23 后分别插入 3 个普通帧来调整动画节奏，反复测试动画直到满意为止，如图 2-1-4 所示。

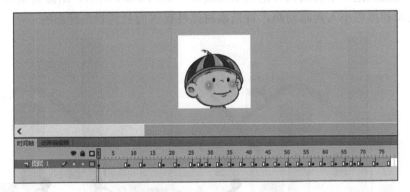

图 2-1-4 调整动画节奏

05 测试并保存文件。按【Ctrl+Enter】组合键进行测试，然后按【Ctrl+S】组合键保存文件。

实践探索

根据学习的用导入的静态图片建立逐帧动画的方法，制作"瓜宝敬礼"动画，效果如图 2-1-5 所示。

图 2-1-5 "瓜宝敬礼"动画效果

瓜宝敬礼

任务 2.2   绘制矢量逐帧动画——火柴人奔跑

■ 任务目的

本任务的目的是通过制作火柴人奔跑动画来掌握绘制矢量逐帧动画的方法。

任务分析

火柴人奔跑

本任务完成的是一个火柴人奔跑的动画效果，如图 2-2-1 所示。动画效果可分解成棕色小人奔跑动画和黑色小人奔跑动画，背景素材已经提供而且背景是静态的。

图 2-2-1   "火柴人奔跑"动画效果预览

任务实施

操作要求：掌握绘制矢量逐帧动画的方法。

技能点拨：

1）根据人物侧面奔跑的运动规律依次绘制"火柴人 1"的奔跑动作。

2）利用"复制图层"和"水平翻转"等方法制作"火柴人 2"的奔跑动作。

01 新建 Flash 文档，设置舞台大小为 768×576 像素，并将帧速率设置为"18fps"，按【Ctrl+S】组合键，将文件保存为"火柴人奔跑.fla"。

02 制作安全框。将图层 1 命名为"安全框"，使用矩形工具 【R】贴着舞台的外围绘制 4 个黑色的矩形块，如图 2-2-2 所示，再将 4 个矩形打散并锁定。

03 新建图层并命名为"背景"图层，将其拖动到"安全框"图层下方，执行"文件→导入→导入到舞台"命令，选中"素材与源文件\项目 2\任务 2.2\素材\背景.png"文件，将素材导入舞台，调整其大小和位置如图 2-2-3 所示。

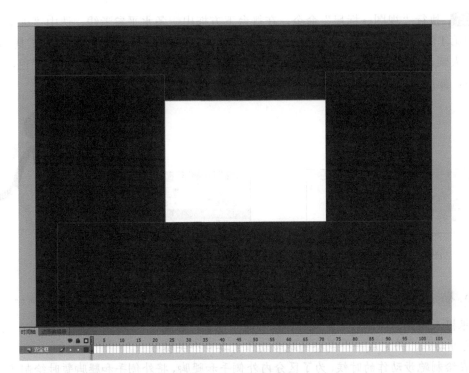

图 2-2-2　安全框绘制图

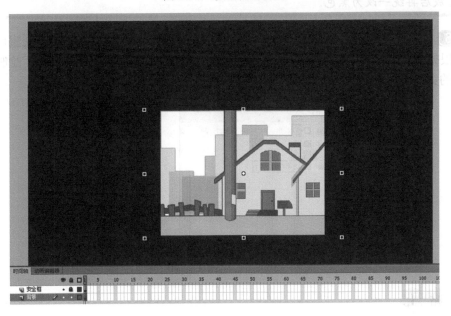

图 2-2-3　导入背景素材

04 在"背景"图层上方新建一个图层并命名为"火柴人 1",为了更清楚地绘制火柴人的动作,将"背景"图层锁定并隐藏,将"安全框"图层锁定,并在"背景"图层和"安全框"图层的第 10 帧处插入普通帧,如图 2-2-4 所示。

05 执行"视图→标尺"命令，在舞台下方拖出一条水平参考线，选中"火柴人 1"图层的第 1 帧，根据人物侧面奔跑的运动规律，使用椭圆工具 【O】和线条工具 【N】绘制出火柴人奔跑的第 1 个关键动作："落地"。绘制时，外侧手和外侧腿使用绿色，其他使用黑色，如图 2-2-5 所示。

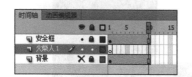

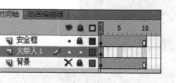

图 2-2-4　图层参考图　　　　　　　　　图 2-2-5　"落地"动作 1

小贴士

根据人物侧面奔跑的运动规律，人物跑步包含"落地""下蹲""起跳""腾空""落地"5 个关键动作，而完成一个完整的跑步动作需要 9 个关键帧。

在绘制跑步动作的时候，为了区分内外侧手和腿脚，将外侧手和腿脚暂时绘制为绿色，制作完成后再统一改为黑色。

06 在"火柴人 1"图层的第 2 帧处插入空白关键帧，使用洋葱皮工具观察前一帧的动作，根据人物侧面奔跑的运动规律，用椭圆工具 【O】和线条工具 【N】绘制出火柴人奔跑的第 2 个关键动作："下蹲"，如图 2-2-6 所示。

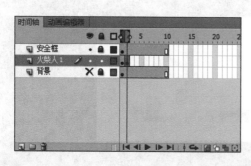

图 2-2-6　"下蹲"动作

小贴士

绘制时要注意动画对位，外侧腿（绿色）作为支撑腿，脚的位置不变，不能滑步。

07 在"火柴人 1"图层的第 3 帧处插入空白关键帧，使用洋葱皮工具观察前一帧的动作，根据人物侧面奔跑的运动规律，用椭圆工具 【O】和线条工具 【N】绘制出火柴人奔跑的第3个关键动作："起跳"，如图2-2-7所示。

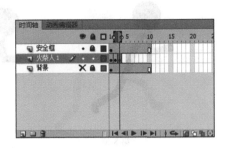

图2-2-7 "起跳"动作

08 在"火柴人1"图层的第4帧处插入空白关键帧，使用洋葱皮工具观察前一帧的动作，根据人物侧面奔跑的运动规律，用椭圆工具 【O】和线条工具 【N】绘制出火柴人奔跑的第4个关键动作："腾空"，如图2-2-8所示。

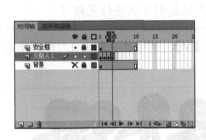

图2-2-8 "腾空"动作

09 在"火柴人1"图层的第5帧处插入空白关键帧，使用洋葱皮工具观察前一帧的动作，根据人物侧面奔跑的运动规律，用椭圆工具 【O】和线条工具 【N】绘制出火柴人奔跑的第5个关键动作："落地"，如图2-2-9所示。

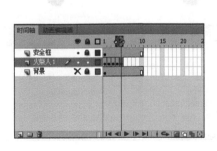

图2-2-9 "落地"动作2

小 贴 士

第5个关键动作和第1个关键动作类似，只是交换了内外侧的手和腿脚。

10 用同样的方法绘制"火柴人1"图层上第6～9帧上的动作，如图2-2-10所示，然后在第 10 帧处插入普通帧。

第 6 帧　　　　　　第 7 帧　　　　　　第 8 帧　　　　　　第 9 帧

图 2-2-10　第 6～9 帧上的动作

小　贴　士

第 6～8 帧上的动作可以分别复制第 2～4 帧，按照图示调整位置并调整内外侧手和腿脚的叠放顺序。第 9 帧和第 1 帧相同，直接复制并调整位置即可。

11　使用洋葱皮工具和选择工具 ▶【V】，选中"火柴人 1"图层所有帧上的内容，将线条的颜色全部改成黑色，如图 2-2-11 所示。

图 2-2-11　更改"火柴人 1"颜色为黑色

12　复制"火柴人 1"图层并重命名为"火柴人 2"，使用洋葱皮工具和选择工具 ▶【V】，选中"火柴人 2"图层所有帧上的内容，将火柴人的颜色全部改成棕色，并执行"修改→变形→水平翻转"命令，然后调整其大小和位置，如图 2-2-12 所示。

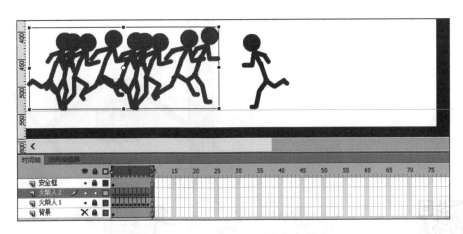

图 2-2-12　制作"火柴人 2"

13 测试并保存文件。按【Ctrl+Enter】组合键进行测试，然后按【Ctrl+S】组合键保存文件。最终效果如图 2-2-13 所示。

图 2-2-13　"火柴人奔跑"动画最终效果

实践探索

根据学习的绘制矢量逐帧动画的方法，制作"火柴人格斗"动画，效果如图 2-2-14 所示。

火柴人格斗

图 2-2-14 "火柴人格斗"动画

任务 2.3 绘制文字逐帧动画——打字动画

■ 任务目的

本任务的主要目的是熟练掌握文字逐帧动画的制作方法。

任务分析

打字动画

如图 2-3-1 所示，本任务要实现的打字动画效果首先是光标闪烁两次，然后依次出现文字和感叹号，最后光标再闪烁几次。

图 2-3-1 "打字动画"效果预览

任务实施

操作要求：掌握文本工具的使用方法，以及帧的基本操作方法。

技能点拨：

1）制作光标（用字符下划线表示）并闪烁两次。

2）先显示第一个字符，然后依次新建关键帧，每次比上一帧多显示一个字符。

3）完成所有字符的显示后，再使光标闪烁几次。

01　新建一个文件，设置舞台大小为 390×150 像素，并将帧频设置为"3fps"，如图 2-3-2所示。

02　将素材"\素材与源文件\项目 2\任务 2.3\素材\QQ 对话框.jpg"导入到舞台，将"图层 1"重命名为"背景"。在第 19 帧处按【F5】键插入普通帧，将第 1 帧上的内容延长到第19 帧，并将"背景"图层锁定，如图 2-3-3 所示。

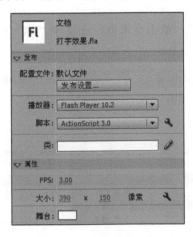

图 2-3-2　设置文档属性

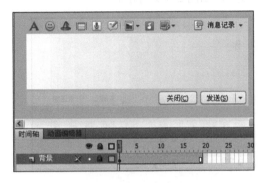

图 2-3-3　"背景"图层

03　选择工具箱中的文本工具 T，在"属性"面板中设置字体为宋体，字体大小为 18点，字体颜色为黑色，如图 2-3-4 所示。

04　在舞台左侧输入字符"_"，单击第 3 帧，按【F6】键插入关键帧，如图 2-3-5 所示。

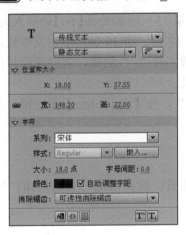

图 2-3-4　文本属性

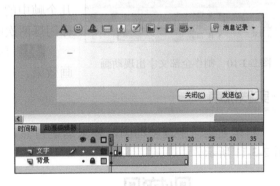

图 2-3-5　插入关键帧

05　单击第 2 帧，按【F7】键插入空白关键帧，"时间轴"面板如图 2-3-6 所示。

06　单击第 5 帧，按【F6】键插入关键帧，然后单击第 4 帧，按【F7】键插入空白关键帧，实现光标闪烁两次的动画，此时"时间轴"面板如图 2-3-7 所示。

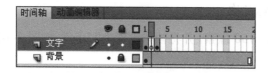
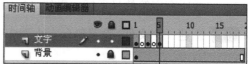

图 2-3-6　在第 2 帧插入空白关键帧　　　　图 2-3-7　制作光标闪烁两次动画

07 选中第 5 帧，双击画面中的下划线字符 "_"，进入文字编辑状态，在该字符前插入文字 "你"，如图 2-3-8 所示。

08 单击第 6 帧，按【F6】键插入一个关键帧，单击文本框，在文字 "你" 后输入文字 "好"，如图 2-3-9 所示。

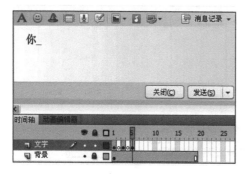

图 2-3-8　制作 "你_" 文字出现动画　　　　图 2-3-9　制作 "你好_" 文字出现动画

09 用同样的方法，依次在下一帧中多输入一个文字，直至将全部文字输入完毕，此时画面如图 2-3-10 所示。

10 依次在第 15～19 帧处按【F6】键插入关键帧，编辑第 15 帧、第 17 帧、第 19 帧，单击文本框，将这几个帧中的下划线字符 "_" 删除，这样就能制作出光标闪烁两次的效果。

11 保存文件，按【Ctrl+Enter】组合键，预览动画效果。

图 2-3-10　制作全部文字出现动画

─**实践探索**─ ─

制作毛笔写字逐帧动画，要求运笔自然，动作连贯，符合毛笔写字的规律，效果如图 2-3-11 所示。

毛笔写字

图 2-3-11　"毛笔写字" 效果

项目 3

动作补间动画

Flash 中基本动画包括 3 种：补间动画、传统补间动画和形状补间动画。本项目主要讲解补间动画。补间动画是从 Flash CS4 开始新增加的一种创建动画的方法。新的补间动画包含了绝大部分传统动画的功能，而且在可编辑性能上也更加丰富，操作也更加方便。

学习目标

了解掌握 Flash 基本工具的使用方法。

掌握 Flash 动作补间动画的创建。

掌握属性关键帧的插入及编辑。

掌握动画编辑器的应用。

项 目 引 导

补间动画是通过为一个帧中的对象属性指定一个值，并为另一个帧中相同对象的属性指定另一个值创建的动画。补间动画支持的对象类型有影片剪辑元件、图形元件、按钮元件和文本。如果操作的对象不属于以上类型，将弹出如图 3-0-1 所示的提示框，单击"确定"按钮后，即按照默认的名称将帧中的对象转换成一个影片剪辑元件，然后创建一个补间动画。

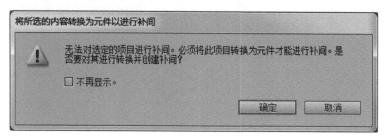

图 3-0-1　补间提示框

可补间的对象属性：

1）2D X 和 Y 位置。

2）3D Z 位置。

3）2D 旋转（绕 Z 轴）。

4）3D X、Y 和 Z 旋转。

5）3D 动画要求 FLA 文件在发布设置中面向 ActionScript 3.0 和 Flash Player 10。

6）倾斜 X 和 Y。

7）缩放 X 和 Y。

8）颜色效果包括 Alpha（透明度）、亮度、色调和高级颜色设置。只能在元件上补间颜色效果，若要在文本上补间颜色效果，需将文本转换为元件。

9）所有滤镜属性。补间范围是在"时间轴"面板上显示为具有蓝色背景的单个图层中的一组帧。可将这些补间范围作为单个对象进行选择，并从"时间轴"面板中的一个位置拖到另一个位置，包括拖到另一个图层。在每个补间范围中，只能对舞台上的一个对象进行动画处理，此对象称为补间范围的目标对象。

任务 3.1　设置动画的移动路径和透明度——鸭子游动

■ 任务目的

本任务的主要目的是了解属性关键帧，掌握补间动画的移动和透明度的制作。

本任务实现的效果是背景从透明缓慢显现，两只鸭子沿着一定的轨迹运动，如图 3-1-1 所示。

图 3-1-1 "鸭子游动"效果预览　　　　　　　　　　　鸭子游动

操作要求：要求能移动对象的位置，对移动路径做调整，并能调整对象透明度。

技能点拨：补间动画是快速应用针对"对象"的补间，在制作补间动画的时候可以自动将选中的对象转换成元件。它的制作相对其他补间更加快速，并且传统补间只能将对象之间的动作补充成直线的渐变。而补间动画则可以直接通过修改线条来修改补间运动轨迹。

01　新建并保存文件。新建 Flash 文件，设置舞台大小为 550×200 像素，其他属性默认；执行"文件→保存"命令，命名为"鸭子游动"，并保存文件。

02　新建"背景"元件。执行"插入→新建元件"命令或按【Ctrl+F8】组合键，在弹出的"创建新元件"对话框中，修改名称为"背景"，修改类型为"图形"，如图 3-1-2 所示。单击"确定"按钮，进入新建的"背景"元件编辑界面，如图 3-1-3 所示。

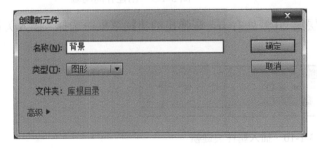

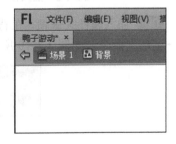

图 3-1-2 新建元件　　　　　　　　　　　　　　图 3-1-3 元件编辑界面

03　绘制背景。制作一个填充色为径向渐变的圆，渐变色为浅蓝色、白色，应用任意变形工具 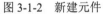【Q】将圆压扁，绘制简单的荷叶，如图 3-1-4 所示。

04　制作"草"元件。按照步骤 **02** 和步骤 **03**，制作"草"元件，如图 3-1-5 所示。

图 3-1-4　绘制背景　　　　　　　　　　　　图 3-1-5　"草"元件制作

05 制作"鸭子"元件。按照步骤 **02** 和步骤 **03** ，制作"鸭子"元件，如图 3-1-6 所示。

06 背景放置。完成元件编辑，返回到场景，将"图层 1"重命名为"背景"。将"背景"元件拖放至舞台，调整大小和位置，如图 3-1-7 所示。

图 3-1-6　"鸭子"元件制作　　　　　　　　　图 3-1-7　背景放置

07 插入帧。在"背景"图层第 260 帧处按【F5】键插入普通帧，如图 3-1-8 所示。

08 创建补间动画。选中"背景"元件右击，在弹出的快捷菜单中选择"创建补间动画"命令，该图层时间轴第 1～260 帧的部分变成浅蓝色，如图 3-1-9 所示。

图 3-1-8　插入帧　　　　　　　　　　图 3-1-9　创建补间动画

09 插入属性关键帧。在背景层第 20 帧处右击，在弹出的快捷菜单中选择"插入关键帧→全部"命令，如图 3-1-10 所示。

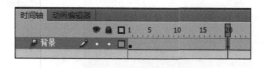

图 3-1-10　插入属性关键帧

10 制作动画。单击选择"背景"图层的第 1 帧，打开"动画编辑器"面板，单击"色彩效果"选项右上角的"添加颜色、滤镜或缓动"按钮，添加"Alpha"，如图 3-1-11 所示；调整"Alpha 数量"为"0"；单击选择第 20 帧，打开"动画编辑器"面板，调整"Alpha 数量"为"100%"。动画效果如图 3-1-12 所示。

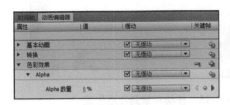

图 3-1-11 动画编辑器设置

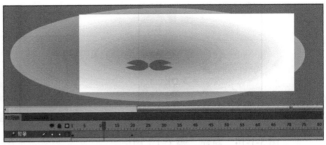

图 3-1-12 背景层动画

11 "草"元件逐渐显示动画。按照步骤 **06** ~步骤 **09**，制作"草"元件的逐渐显现动画，如图 3-1-13 所示。

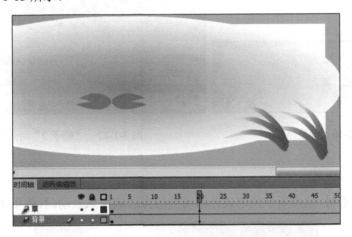

图 3-1-13 "草"元件逐渐显示动画

12 新建"鸭子 1"图层。新建图层，并将其移到"草"图层的下层，重命名为"鸭子 1"，在第 1 帧处将"鸭子"元件拖放至舞台外的右侧位置，调整大小，如图 3-1-14 所示。

13 创建补间动画。选中舞台上的"鸭子 1"元件右击，在弹出的快捷菜单中选择"创建补间动画"命令。

14 制作"鸭子 1"动画。在第 230 帧处按【F6】键，添加关键帧；在第 230 帧处，把"鸭子"元件移到舞台外的左侧位置，可以看见舞台上会出现一条线，如图 3-1-15 所示，这是对象的移动轨迹，可以用选择工具 【V】来调整它。将移动路径调整成弧线，如图 3-1-16 所示。

15 制作"鸭子 2"动画。重复步骤 **11** ~步骤 **13**，在第 30~260 帧，制作"鸭子 2"动画。如图 3-1-17 所示。

16 测试并保存文件。按【Ctrl+Enter】组合键进行测试，然后按【Ctrl+S】组合键保存文件。

图 3-1-14　新建"鸭子 1"图层

图 3-1-15　移动对象到合适位置

图 3-1-16　调整路径

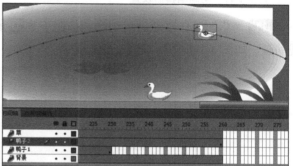

图 3-1-17　"鸭子 2"动画制作

实践探索

使用提供的素材,运用所学的创建补间动画的方法制作风景动画,效果如图 3-1-18 所示。

图 3-1-18　风景

任务 3.2　运用色彩效果变化绘制动画——枫叶变色

任务目的

本任务的主要目的是掌握"动作编辑器"面板中的"色彩效果"选项的应用。

任务分析

本任务完成的效果是枫叶的颜色变化，如图 3-2-1 所示。

图 3-2-1　"枫叶"变色效果预览　　　　　　枫叶变色

任务实施

操作要求：要求做出枫叶颜色变化的效果。

技能点拨：本例颜色的变换主要用到"动作编辑器"面板中"色彩效果"选项中的"色调"。应用"色调"选项时应将对象转换成元件。

01　新建并保存文件。新建文件，设置舞台大小为 450×300 像素，背景颜色为灰色（#999999），其他属性默认；执行"文件→保存"命令，命名为"枫叶"，并保存文件。

02　新建"枫叶"元件。按【Ctrl+F8】组合键，创建"枫叶"图形元件，单击"确定"按钮，进入新建的"枫叶"元件编辑界面，绘制如图 3-2-2 所示枫叶。

03　摆放枫叶。选中枫叶所有部分，按【Ctrl+G】组合键。复制出另外 3 片枫叶，调整每片枫叶的位置、角度和大小，如图 3-2-3 所示。

图 3-2-2　绘制枫叶　　　　　　　　图 3-2-3　摆放枫叶

04　创建"枫叶"图层。完成元件编辑，返回到场景，将"图层 1"重命名为"枫叶"，将"枫叶"元件拖放至舞台，并调整至合适位置和大小，如图 3-2-4 所示。

05　编辑"树枝"图层。新建"树枝"图层，绘制合适外观的树枝，如图 3-2-5 所示。

图 3-2-4　复制并调整枫叶　　　　　　　图 3-2-5　树枝

06 插入普通帧。分别在两个图层的第 70 帧处按【F5】键，插入普通帧，如图 3-2-6 所示。

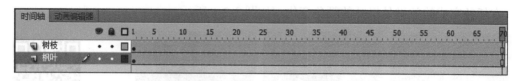

图 3-2-6　插入普通帧

07 创建补间动画。选中舞台上的"枫叶"元件，右击，在弹出的快捷菜单中选择"创建补间动画"命令，如图 3-2-7 所示。

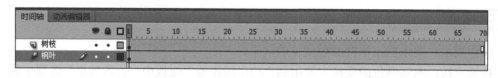

图 3-2-7　创建补间动画

08 插入两个属性关键帧。分别在"枫叶"图层的第 25 帧和第 50 帧处按【F6】键插入属性关键帧，如图 3-2-8 所示。

图 3-2-8　插入两个属性关键帧

09 设置第 1 帧参数。选中"枫叶"层第 1 帧，打开"动画编辑器"面板，单击"色彩效果"选项右上角的"添加颜色、滤镜或缓动"按钮，添加"色调"，调整"着色"颜色为绿色"#80FF00"，"色调数量"为"54%"，如图 3-2-9 所示，当前枫叶如图 3-2-10 所示。

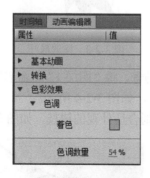

图 3-2-9　第 1 帧参数设置

图 3-2-10　当前枫叶 1

10 设置第 25 帧参数。选中"枫叶"层第 1 帧，打开"动画编辑器"面板，设置"色调数量"为 0，如图 3-2-11 所示，当前枫叶颜色加深，如图 3-2-12 所示。

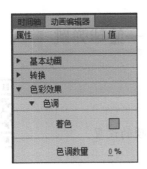

图 3-2-11　第 25 帧参数设置

图 3-2-12　当前枫叶 2

11 设置第 50 帧参数。选中"枫叶"图层第 50 帧，打开"动画编辑器"面板，调整"着色"颜色为红色"#C00000"，"色调数量"为"70%"，如图 3-2-13 所示，当前枫叶如图 3-2-14 所示。

图 3-2-13　第 50 帧参数设置

图 3-2-14　当前枫叶 3

12 测试并保存文件。按【Ctrl+Enter】组合键进行测试，然后按【Ctrl+S】组合键，将文件保存。

实践探索

利用颜色与透明度的变化绘制"彩灯"动画，效果如图 3-2-15 所示。

图 3-2-15　"彩灯"动画

任务 3.3 绘制变形动画——篮球弹跳

任务目的

本任务的主要目的是掌握"属性"面板中"缓动"项的设置。

篮球弹跳

任务分析

本任务的动画效果为篮球从高处落下，并伴随有加速情况和篮球拉长变形，在落至底部时球有压扁变形的情况；然后篮球从底部弹起，篮球由压扁变回拉长的形状，在之后的向上运动过程中，伴随有减速情况，并在运动至最高点时变回原来的圆形。

在篮球的弹跳过程中还有球的阴影的动作，在篮球落下时，阴影加速变大，在篮球往上弹时，阴影减速变小，效果如图 3-3-1 所示。

图 3-3-1　篮球弹跳效果预览

任务实施

操作要求：要求制作篮球的弹跳变形动画。

技能点拨：变形动画的制作要注意变形点的调整。

01 新建并保存文件。新建文件，设置舞台大小为 300×600 像素，其他属性默认；执行"文件→保存"命令，命名为"篮球弹跳"，并保存文件。

02 绘制背景。将"图层 1"重命名为"背景"，在第 1 帧处绘制一个 300×600 像素的矩形，填充渐变色，放在舞台居中位置，如图 3-3-2 所示。

03 新建"篮球"元件。按【Ctrl+F8】组合键，创建"篮球"图形元件，单击"确定"按钮，进入新建的"篮球"元件编辑界面，绘制如图 3-3-3 所示篮球。

图 3-3-2　背景　　　　　　　　　　　　　　　图 3-3-3　篮球

04　新建"阴影"元件。按【Ctrl+F8】组合键，创建"阴影"图形元件，单击"确定"按钮，进入新建的"阴影"元件编辑界面，绘制如图 3-3-4 所示的阴影。

05　插入普通帧。完成元件的编辑，返回到场景，在"背景"图层第 50 帧处按【F5】键，插入普通帧，如图 3-3-5 所示。

图 3-3-4　阴影 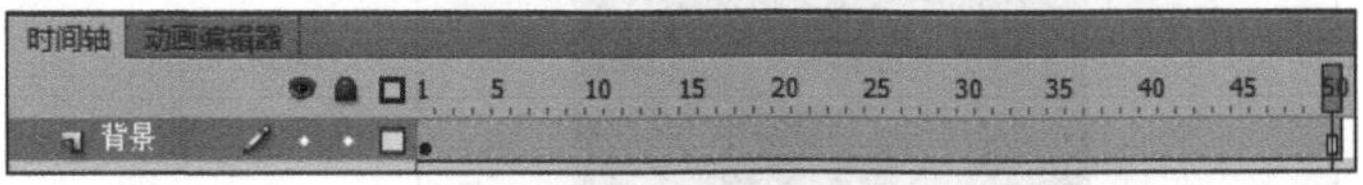　　　　　　　　　　　　　　　图 3-3-5　插入帧

06　新建"篮球加速"图层。新建图层，并重命名为"篮球加速"，选中该图层第 26～50 帧，如图 3-3-6 所示；在选中的帧上右击，在弹出的快捷菜单中选择"删除帧"命令，删除该图层第 26～50 帧，当前"时间轴"面板如图 3-3-7 所示。

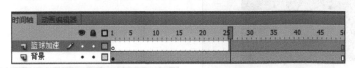

图 3-3-6　选中第 26～50 帧

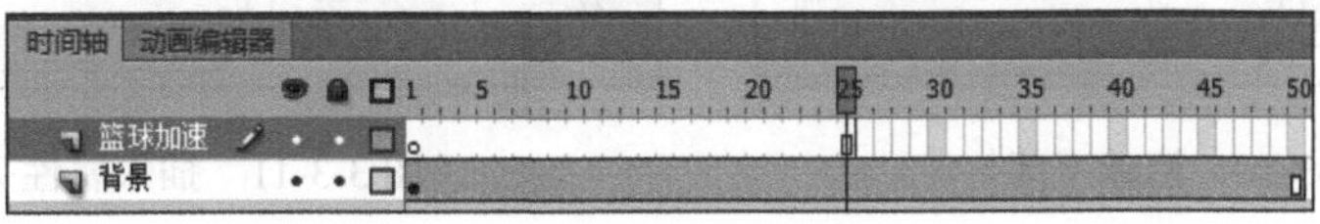

图 3-3-7　删除第 26～50 帧

07　创建补间动画。将"篮球"元件拖放至舞台，调整合适大小和位置，如图 3-3-8 所示，选中舞台上的"篮球"元件，执行"插入→补间动画"命令，创建补间动画，如图 3-3-9 所示。

08　制作篮球下落动画。在"篮球加速"图层第 25 帧处按【F6】键，插入属性关键帧，并将篮球移动到靠近舞台下边缘的位置，如图 3-3-10 所示。

09　插入属性关键帧。在"篮球加速"图层第 23 帧处按【F6】键，插入属性关键帧，如图 3-3-11 所示。

图 3-3-8　放置篮球

图 3-3-9　创建补间动画

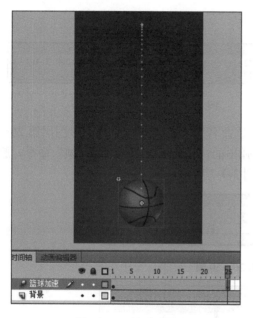

图 3-3-10　篮球下落

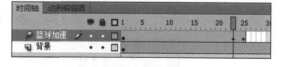

图 3-3-11　插入属性关键帧

10 制作第 23 帧篮球变形。选中"篮球加速"图层第 23 帧的属性关键帧，打开"动画编辑器"面板，打开"转换"选项，设置"缩放 X"的值为"90%"，设置"缩放 Y"的值为"110%"，如图 3-3-12 所示，篮球的变形如图 3-3-13 所示。

11 制作第 25 帧篮球变形。选中"篮球加速"图层第 25 帧的属性关键帧，打开"动画编辑器"面板，展开"转换"选项，设置"缩放 X"的值为"110%"，设置"缩放 Y"的值为"90%"，如图 3-3-14 所示，篮球的变形如图 3-3-15 所示。

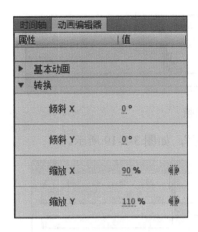

图 3-3-12 "转换"设置 1

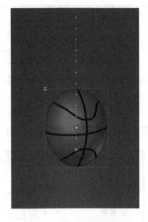

图 3-3-13 篮球变形 1

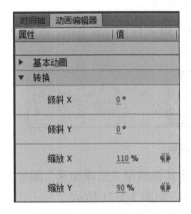

图 3-3-14 "转换"设置 2

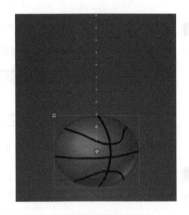

图 3-3-15 篮球变形 2

12 复制帧。选中"篮球加速"图层的第 1～25 帧，右击，在弹出的快捷菜单中选择"复制帧"命令，复制第 1～25 帧，如图 3-3-16 所示。

13 新建图层。新建"图层 3"，选中该图层的第 26～50 帧，在选中的帧上右击，在弹出的快捷菜单中选择"删除帧"命令，删除该图层的第 26～50 帧，当前"时间轴"面板如图 3-3-17 所示。

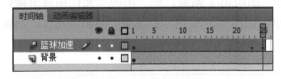

图 3-3-16 选中帧，复制帧

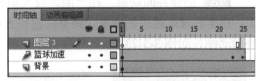

图 3-3-17 新建图层删除帧

14 粘贴帧。在新建图层的第 26 帧处右击，在弹出的快捷菜单中选择"粘贴帧"命令，把步骤 **12** 复制的帧粘贴到当前图层，当前"时间轴"面板如图 3-3-18 所示。

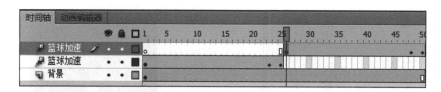

图 3-3-18 粘贴帧

15 重命名图层。将图层重命名为"篮球减速",如图 3-3-19 所示。

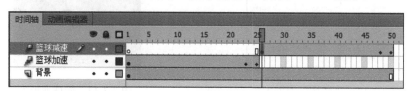

图 3-3-19 图层重命名

16 翻转关键帧。在"篮球减速"图层的第 26～50 帧任一位置右击,在弹出的快捷菜单中选择"翻转关键帧"命令,效果如图 3-3-20 所示。

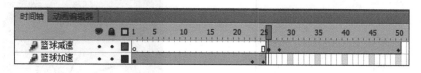

图 3-3-20 翻转关键帧

17 新建"阴影放大加速"图层。新建图层,将其拖放至"篮球加速"图层的下一层,重命名为"阴影放大加速",删除该图层第 26～50 帧,如图 3-3-21 所示。

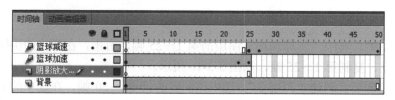

图 3-3-21 新建"阴影放大加速"图层

18 创建补间动画。在"阴影放大加速"图层第 1 帧处,把"阴影"元件拖放至舞台上,根据篮球落地时的情况,调整位置和大小,如图 3-3-22 所示;选中"阴影"元件,创建补间动画,如图 3-3-23 所示。

图 3-3-22 放置"阴影"

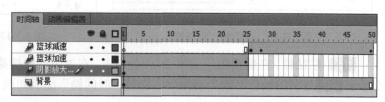

图 3-3-23 创建补间动画

19 添加属性关键帧。在"阴影放大加速"图层第 25 帧处按【F6】键，添加属性关键帧，如图 3-3-24 所示。

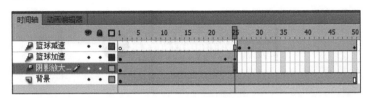

图 3-3-24 添加属性关键帧

20 "阴影放大加速"图层动画。选中"阴影放大加速"图层的第 1 帧，打开"动画编辑器"面板，在"转换"选项中，设置"缩放 X"的值为"50%"，"缩放 Y"的值为"50%"；在"色彩效果"选项中，设置"Alpha 数量"为"50%"，如图 3-3-25 所示。

21 参考步骤 **12** ～步骤 **16**，制作"阴影缩小减速"图层及动画，如图 3-3-26 所示。

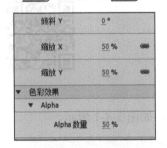

图 3-3-25 动画编辑器设置

图 3-3-26 "阴影缩小减速"图层及动画

22 设置"篮球加速"图层、"阴影放大加速"图层缓动。单击"篮球加速"图层第 1～25 帧中的任何一帧，执行"窗口→属性"命令，打开"属性"面板，设置"缓动"的值为"-100"，如图 3-3-27 所示。用相同的方法设置"阴影放大加速"图层。

23 设置"篮球减速"图层、"阴影缩小减速"图层缓动。单击"篮球减速"图层的第 26～50 帧内任何一帧，在"属性"面板中，设置"缓动"的值为"100"，如图 3-3-28 所示。用相同的方法设置"阴影缩小减速"图层。

图 3-3-27 设置缓动 1   图 3-3-28 设置缓动 2

24 测试并保存文件。按【Ctrl+Enter】组合键进行测试，然后按【Ctrl+S】组合键保存文件。

实践探索

制作弹簧振子的变形动画，效果如图 3-3-29 所示。

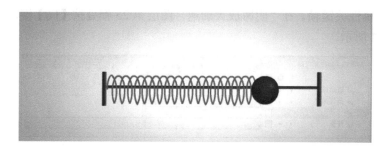

图 3-3-29　"弹簧振子的变形"动画

任务 3.4　绘制旋转动画——风车

■ 任务目的

掌握用"旋转"属性为补间动画添加规则的旋转效果。

任务分析

风车

本任务的效果为风车旋转，带着杆的花呈一定的角度摇摆，如图 3-4-1 所示。

图 3-4-1　"风车"效果预览

任务实施

操作要求：要求制作能按要求旋转的风车及摇摆的花。

技能点拨：在创建补间动画后，除了通过任意变形工具调整图形旋转角度来实现图形旋转效果外，还可以通过在"属性"面板中设置旋转属性，为补间动画添加更加规则的旋转效果。

01　新建并保存文件。新建文件，设置舞台大小为 360×300 像素，其他属性默认；执行"文件→保存"命令，命名为"风车"，并保存文件。

02　绘制背景。将"图层 1"重命名为"背景"，在"背景"图层的第 1 帧处绘制如图 3-4-2 所示的背景，放在舞台居中位置。

03　新建"花"元件。按【Ctrl+F8】组合键，创建"花"图形元件，单击"确定"按钮，进入新建的"花"元件编辑界面，绘制如图 3-4-3 所示花朵。

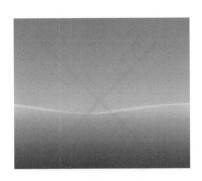

图 3-4-2　绘制背景

图 3-4-3　"花"元件

04 新建"花"图层。完成元件编辑返回主场景，新建图层，重命名为"花"，将"花"元件拖放至舞台，调整合适的大小和位置，如图 3-4-4 所示。

05 新建"叶子"图层。新建图层，重命名为"叶子"，绘制如图 3-4-5 所示叶子；复制绘制好的叶子，通过变形组合成如图 3-4-6 所示的图形，并放置在舞台合适位置。

06 新建"风车底部"图层。新建图层，重命名为"风车底部"，绘制如图 3-4-7 所示风车底部图形，在舞台上调整风车底部图形的大小和位置，如图 3-4-8 所示。

07 新建"风车扇叶"元件。按【Ctrl+F8】组合键，创建"风车扇叶"图形元件，单击"确定"按钮，进入新建的"风车扇叶"元件编辑界面，绘制如图 3-4-9 所示的风车扇叶。

图 3-4-4　"花"的位置

图 3-4-5　叶子

图 3-4-6　复制并变形叶子

图 3-4-7　风车底部

图 3-4-8　风车底部的大小和位置

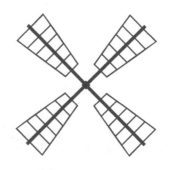

图 3-4-9　风车扇叶

08 新建"风车扇叶"图层。完成元件编辑返回主场景，新建图层，重命名为"风车扇叶"，将"风车扇叶"元件拖放至舞台，调整合适的大小和位置，如图 3-4-10 所示。

09 插入普通帧。在主场景"时间轴"面板，选中所有图层的第 48 帧，按【F5】键插入普通帧，如图 3-4-11 所示。

图 3-4-10　风车扇叶的大小和位置

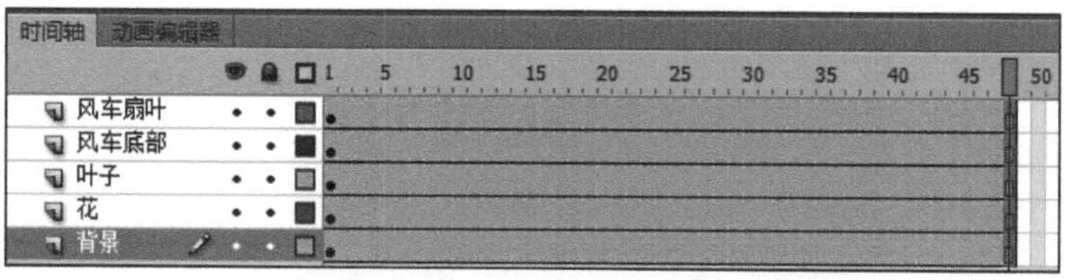

图 3-4-11　插入普通帧

10 创建补间动画。选中舞台上的"花"元件，执行"插入→补间动画"命令，创建补间动画；选中舞台上的"风车扇叶"元件，执行"插入→补间动画"命令，创建补间动画，如图 3-4-12 所示。

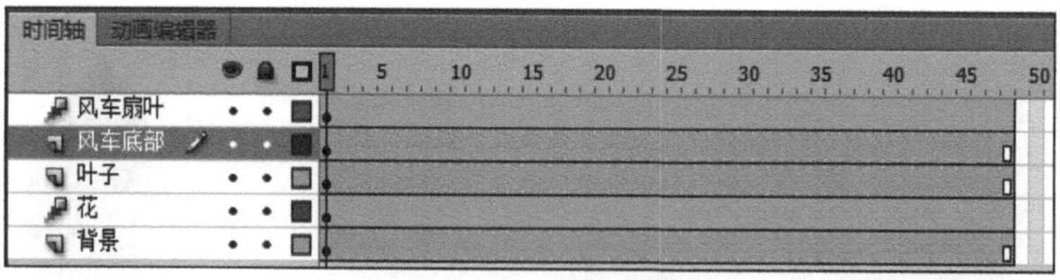

图 3-4-12　创建补间

11 插入属性关键帧。分别在"花"图层的第 10 帧、第 30 帧、第 48 帧处按【F6】键，插入属性关键帧，如图 3-4-13 所示。

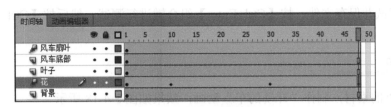

图 3-4-13 插入属性关键帧 1

12 设置关键帧属性。单击选中"花"图层第 10 帧，打开"动画编辑器"面板，设置"基本动画"选项中"旋转 Z"的值为"-10"，如图 3-4-14 所示；设置"花"图层第 30 帧"旋转 Z"的值为"10"，如图 3-4-15 所示。保持第 1 帧、第 48 帧的"旋转 Z"为"0"。

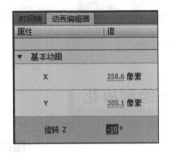

图 3-4-14 第 10 帧属性

图 3-4-15 第 30 帧属性

13 插入属性关键帧。在"风车扇叶"图层的第 48 帧处按【F6】键，插入属性关键帧，如图 3-4-16 所示。

图 3-4-16 插入属性关键帧 2

14 设置关键帧属性。单击选中"风车扇叶"图层的第 48 帧，打开"动画编辑器"面板，设置"基本动画"选项中"旋转 Z"的值为"360"， 如图 3-4-17 所示；保持第 1 帧的"旋转 Z"为"0"。

图 3-4-17 第 48 帧属性

15) 测试并保存文件。按【Ctrl+Enter】组合键进行测试，然后按【Ctrl+S】组合键保存文件。

实践探索

使用提供的素材，制作"开动的车"动画，效果如图 3-4-18 所示。

图 3-4-18　"开动的车"动画

任务 3.5　实战演练——绘制梅花

任务目的

熟练掌握动作补间动画的创建方法，能通过设置各属性制作相关动画。

绘制梅花

任务分析

本任务的效果为带雪的梅枝由透明渐渐显现，然后树枝上长出一朵朵梅花，并慢慢由小变大，最后，最早开放的那朵梅花变色，摇摆着从树枝脱落，按一定的轨迹旋转着向右下方飘落直在屏幕上消失，如图 3-5-1 所示。

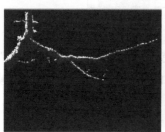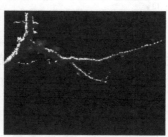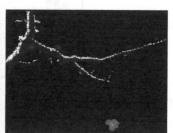

图 3-5-1　梅花效果预览

任务实施

操作要求：梅枝和梅花的绘制要较为精细，让画面更为美观，动画要流畅。

技能点拨：

1）绘制梅枝和梅花。

2）制作梅枝渐现动画。

3）制作各梅花开的动画。

4）制作梅花变色、凋落动画。

01　新建并保存文件。新建一个 Flash 文档，设置舞台大小为 400×300 像素，颜色为黑色。按【Ctrl+S】组合键，将文件保存为"梅花.fla"。

02　新建元件。按【Ctrl+F8】组合键，弹出"创建新元件"对话框，修改名称为"梅枝"，类型为"图形"，如图 3-5-2 所示，单击"确定"按钮，完成图形元件的创建。

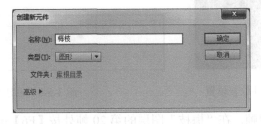

图 3-5-2　创建"梅枝"图形元件

03　绘制梅枝。在"梅枝"图形元件中绘制梅枝和梅枝上的雪，效果如图 3-5-3 所示。

04　制作"梅花 1"元件。执行"插入→新建元件"命令或者按【Ctrl+F8】组合键，弹出"创建新元件"对话框，修改名称为"梅花 1"，类型为"图形"，应用铅笔等工具完成梅花的绘制，梅花参考效果如图 3-5-4 所示。

图 3-5-3　梅枝效果

图 3-5-4　梅花 1

05　制作其他梅花元件。按步骤 **04**，制作"梅花 2"～"梅花 7" 6 个元件，"库"面板中元件如图 3-5-5 所示。梅花参考形状如图 3-5-6 所示。

图 3-5-5　"库"面板中元件

图 3-5-6　梅花的参考形状

06 修改"图层 1"的图层名称为"梅枝",将"梅枝"图形元件拖入舞台,调整元件的位置和大小,如图 3-5-7 所示。

07 创建补间动画。在"梅枝"图层的第 205 帧处,按【F5】键插入普通帧;选中"梅枝"图形元件,右击,在弹出的快捷菜单中,选择"创建补间动画"命令,如图 3-5-8 所示。

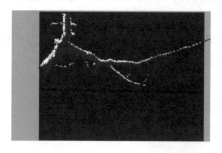

图 3-5-7 "梅枝"元件放置位置

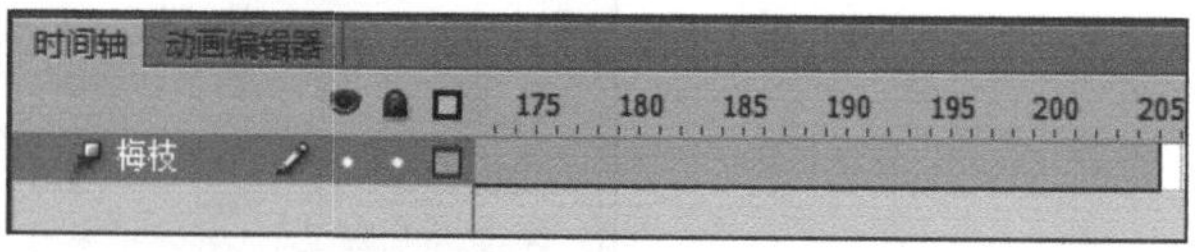

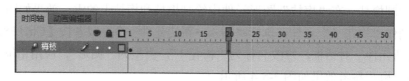

图 3-5-8 创建补间动画

08 插入属性关键帧。在"梅枝"图层的第 20 帧处按【F6】键,插入属性关键帧,如图 3-5-9 所示。

图 3-5-9 第 20 帧插入属性关键帧

09 动画制作。单击"梅枝"图层第 1 帧,打开"动画编辑器"面板,单击"色彩效果"选项右侧的"添加颜色、滤镜或缓动"按钮,添加"Alpha",设置"Alpha 数量"为"0",如图 3-5-10 所示;单击选中第 20 帧,打开"动画编辑器"面板,设置"Alpha 数量"为"100%",如图 3-5-11 所示,使梅枝有一个渐现的效果。

图 3-5-10 "色彩效果"设置 1

图 3-5-11 "色彩效果"设置 2

10 新建"梅花 1"图层。新建图层并命名为"梅花 1",在第 25 帧处插入关键帧,将"梅花 1"图形元件拖入舞台,调整元件的位置和大小,如图 3-5-12 所示。

11 创建补间动画。选中舞台上的"梅花 1"图形元件,右击,在弹出的快捷菜单中选择"创建补间动画"命令,如图 3-5-13 所示。

12 插入属性关键帧。在"梅花 1"图层第 35 帧处按【F6】键插入属性关键帧,如

图 3-5-14 所示。

13 "梅花 1"动画制作。单击选中"梅花 1"图层的第 25 帧，打开"动画编辑器"面板，打开"转换"选项，设置"缩放 X""缩放 Y"的值为"0"，如图 3-5-15 所示；保持第 35 帧"缩放 X""缩放 Y"的值为"100%"不变，使梅花有一个由小变大的效果，舞台和"时间轴"面板如图 3-5-16 所示。

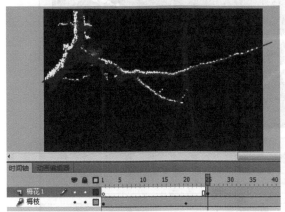

图 3-5-12　新建"梅花 1"图层

图 3-5-13　　"梅花 1"创建补间动画

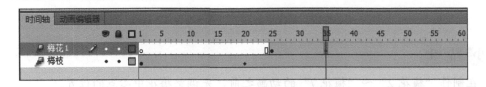

图 3-5-14　第 35 帖插入属性关键帧

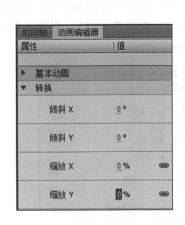

图 3-5-15　　"梅花 1"第 25 帧参数

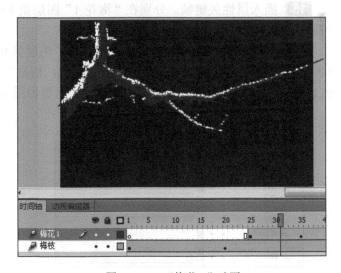

图 3-5-16　　"梅花 1"动画

14 制作"梅花 2"～"梅花 7"动画。重复步骤 **10** ～步骤 **13** ，制作"梅花 2"～

"梅花7"动画,如图3-5-17所示。

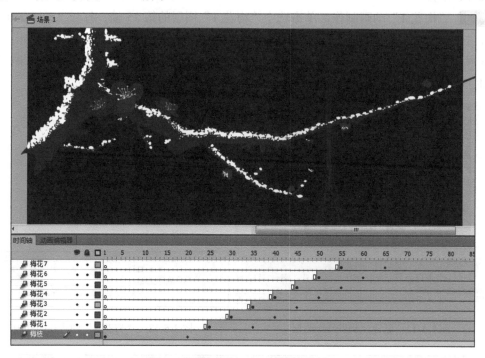

图3-5-17 制作"梅花2"～"梅花7"动画

在制作"梅花2"～"梅花7"的动画之前,先调整梅花中心点的位置。

15) 插入属性关键帧。分别在"梅花1"图层第85帧、第95帧处添加属性关键帧,如图3-5-18所示。

16) "梅花1"颜色动画。选中"梅花1"图层第95帧,打开"动画编辑器"面板,单击"色彩效果"选项右侧的"添加颜色、滤镜或缓动"按钮,添加"色调",调整"着色"为白色,"色调数量"为50%,"动画编辑器"面板如图3-5-19所示。

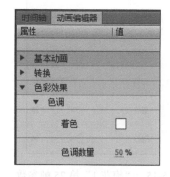

图3-5-18 "梅花1"图层插入属性关键帧   图3-5-19 "梅花1"颜色动画

17 插入关键帧。分别在"梅花1"图层第98帧、第101帧、第104帧、第107帧、第155帧处添加关键帧，如图3-5-20所示。

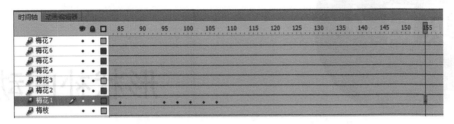

图3-5-20 "梅花1"的"时间轴"面板

18 "梅花1"旋转动画。选中第98帧，打开"动画编辑器"面板的"基本动画"选项，设置"旋转Z"为"10"，如图3-5-21所示。

同样的操作方式，分别设置第101帧、第104帧、第107帧、第155帧的"旋转Z"的值为"0""5""0""360"。

19 制作"梅花1"的飘落动画。选中"梅花1"第155帧，将"梅花1"元件拖放至舞台外部右下角，舞台上出现一条直线，这是"梅花1"移动的轨迹，用鼠标将直线调整成曲线，使梅花飘落的轨迹变成弧线，如图3-5-22所示。

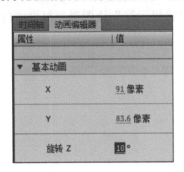

图3-5-21 第10帧参数设置

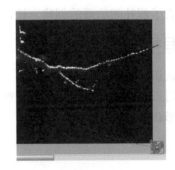

图3-5-22 梅花飘落轨迹

20 测试并保存文件。按【Ctrl+Enter】组合键进行测试，然后按【Ctrl+S】组合键保存文件。

实践探索

根据所学的补间动画的知识，完成"烟花"动画的制作，效果如图5-5-23所示。

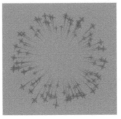

图3-5-23 "烟花"动画

项目 4

形状补间动画

形状补间动画是 Flash 中非常重要的表现手法之一，运用它可以变幻出各种奇妙的不可思议的变形效果。本项目从形状补间动画基本概念入手，介绍形状补间动画在时间轴上的表现，使读者了解补间动画的创建方法，学会应用"形状提示符"让图形变得更加自然流畅。

学习目标

初步认识形状补间动画。
能运用形状补间动画制作简单变形动画。
掌握形状提示符的使用方法。

项 目 引 导

1．形状补间动画的概念

在某一个关键帧中绘制一个形状，再在另一个关键帧中修改该形状或者重新绘制一个形状，然后 Flash 会根据两者之间的帧的值或形状来创建动画，这种动画称为形状补间动画。

2．创建形状补间动画的条件

形状补间动画用于创建形状变化的动画效果，使一个形状变成另一个形状，同时可以实现两个图形之间的颜色、形状、大小、位置的交互变化。

创建形状补间动画只要创建两个关键帧中的对象，其他过渡帧可通过 Flash 计算补充。

创建形状补间动画时需要满足以下条件。

1）在一个形状补间动画中至少要有两个关键帧，缺一不可。

2）在两个关键帧中的对象必须是可编辑的形状，若是图形元件、按钮元件、文字、组则必须先将其分离才能创建形状补间动画。

3）这两个关键帧中的形状必须有一些差别，否则制作出的动画没有动画效果。

4）形状补间动画创建成功后，"时间轴"面板的背景色为淡绿色，在开始帧和结束帧之间有一个黑色的箭头，如图 4-0-1 所示。

图 4-0-1　形状补间动画的"时间轴"面板

3．设置形状补间动画的属性

在实际应用中，动画的制作比较复杂，可以通过"属性"面板设置动画的属性来提高实例运动的复杂性。形状补间动画"属性"面板如图 4-0-2 所示。

图 4-0-2　形状补间动画属性

当创建形状补间动画后，在"属性"面板可以设置以下属性。

1）缓动：设置补间动画的缓动值的大小。

① 缓动值为-100～-1：动画运动的速度从慢到快，向运动结束的方向加速补间。

② 缓动值为1～100：动画运动的速度从快到慢，向运动结束的方向减速补间。

③ 缓动值为0（默认）：补间帧之间的变化速率不变。

2）混合：包括以下两个选项。

① 分布式：创建的动画中间形状比较平滑和不规则。

② 角形：创建的动画中间形状会保留明显的角和直线，适合于具有锐化转角和直线的混合形状。

任务 4.1　绘制形状补间动画——变形的汽车

■ 任务目的

本任务的主要目的是掌握形状补间动画的创建方法。

任务分析

"变形的汽车"实现的是一辆暗黄色的小汽车从舞台右侧入画，向舞台左侧行驶，行驶一段距离之后，小汽车慢慢变形成一辆蓝色的卡车，然后继续行驶到舞台左侧，如图 4-1-1 所示。可见小汽车除了位移有变化之外，形状和颜色也发生变化，所以可以判断为形状补间动画。

变形的汽车　　　　　　　　　图 4-1-1　"变形的汽车"效果预览

任务实施

操作要求：绘制的汽车简单明了，动画自然优美。

技能点拨：使用线条工具绘制出小车的基本形状，再使用选择工具调整得到小车外形，根据绘制小车的方法绘制卡车的形状。最后使用椭圆工具和矩形工具绘制车轮，并制作小车和卡车的形状补间动画。

01　打开"素材与源文件\项目 4\任务 4.1\素材\汽车背景素材.jpg"文件，如图 4-1-2 所示。

图 4-1-2　汽车背景素材

02　绘制汽车基本外形。新建一个图层，并命名为"汽车"。使用线条工具 ＼【N】绘制出小车的外形，使用选择工具 ▶【V】调整小车的造型，使用颜料桶工具 ♦【K】填充小车的颜色。填充色如图 4-1-3 所示。将线条删掉，调整小车的距离如图 4-1-4 所示。

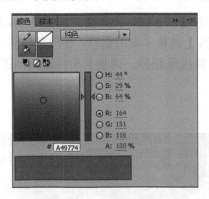

图 4-1-3　"颜色"面板

图 4-1-4　绘制汽车基本外形

03　绘制小车的车轮。新建一个图层，并命名为"车轮"，使用椭圆工具 ●【O】绘制一个正圆。选中绘制好的车轮，按【Ctrl+C】组合键复制，然后按【Ctrl+V】组合键粘贴，粘贴后按【Ctrl+Alt+S】组合键，弹出"缩放和旋转"对话框，在"缩放"文本框中输入"80"绘制出车轮的厚度，然后再复制一个内圆缩放 50% 作为车轮的轴，如图 4-1-5 所示。使用线条工具 ＼【N】画完车轮，使用颜料桶工具 ♦【K】为车轮填充颜色，再把线条删掉，如图 4-1-6 所示。

图 4-1-5　轮胎的轴

图 4-1-6　画完后的轮胎

04 安装轮胎。选中轮胎将其拖放至汽车轮胎凹槽处，轮胎和汽车的位置对正。复制一个轮胎，将其移到汽车前轮胎凹槽处，如图 4-1-7 所示。

图 4-1-7　调整汽车车轮

05 制作卡车。在"时间轴"面板第 25 帧处按【F7】键，插入空白关键帧，用线条工具 ✎ 【N】绘制出卡车的外形，使用选择工具 ▶ 【V】调整卡车的造型，使用颜料桶工具 ⬢ 【K】填充卡车的颜色。填充色如图 4-1-8 所示。将线条删掉，调整卡车的距离如图 4-1-9 所示。

图 4-1-8　小车"颜色"面板

图 4-1-9　绘制卡车初步外形

06 在"车轮"图层第 25 帧处按【F6】键，插入关键帧。将已画好的车轮和卡车对齐，如图 4-1-10 所示。

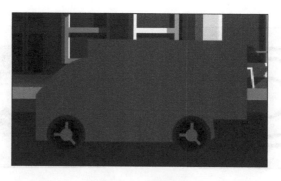

图 4-1-10　完整汽车

07 分别在"汽车"图层和"车轮"图层第 10 帧处插入关键帧，选中舞台中的小车将其往前移动一小段距离，如图 4-1-11 所示。在"汽车"图层和"车轮"图层第 45 帧处插入关键帧，选中舞台中的卡车，将其往前移动一小段距离，如图 4-1-12 所示。

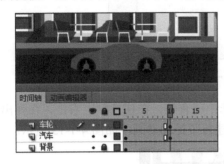

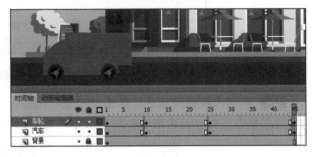

图 4-1-11　为小车添加关键帧　　　　　　图 4-1-12　为卡车添加关键帧

08 创建形状补间动画。单击"汽车"图层，选中所有帧，在任意帧上右击，在弹出的快捷菜单中选择"创建补间形状"命令，如图 4-1-13 所示，为汽车创建形状补间动画，此时"时间轴"面板如图 4-1-14 所示。

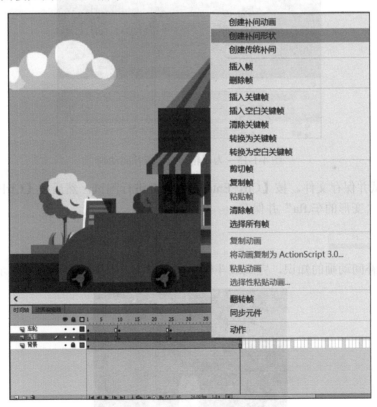

图 4-1-13　"创建补间形状"命令

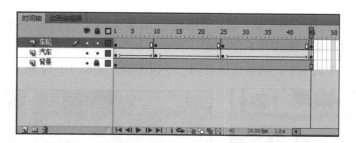

图 4-1-14　汽车"时间轴"面板

09 创建传统补间动画。单击"车轮"图层，选中所有帧，在任意帧上右击，在弹出的快捷菜单中选择"创建传统补间"命令，为车轮创建传统补间动画，如图 4-1-15 所示。

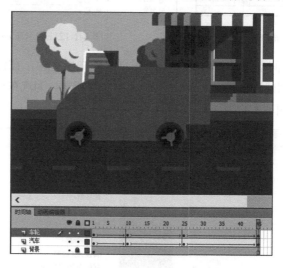

图 4-1-15　为车轮创建传统补间动画

10 测试并保存文件。按【Ctrl+Enter】组合键进行测试，然后按【Ctrl+S】组合键，将文件命名为"变形的车.fla"并保存。

实践探索

利用形状补间动画的知识，完成战斗机效果的制作，效果如图 4-1-16 所示。

图 4-1-16　"战斗机"动画效果

任务 4.2　运用形状提示符绘制动画——原始人进化

任务目的

本任务的主要目的是掌握形状提示符的使用方法。

任务分析

本任务完成的是一个形状变化的动画效果，如图 4-2-1 所示，舞台上一只猩猩的剪影慢慢地变成原始人（背景素材已提供）。通过尝试制作发现，若直接用形状补间动画不能达到好的变形效果，可以运用形状提示符使动画更加流畅。

图 4-2-1　原始人进化效果预览　　　　　　　　　　　　　　原始人进化

任务实施

操作要求：能利用形状提示符使猩猩变形动画变得更加流畅自然。

技能点拨：本任务制作猩猩和原始人之间的变形动画。作为形状补间动画，要求进行变形的对象必须是分离的形状，即组合图形、文字、位图图像等，不能直接用来制作变形动画，必须先将它们分离后才能进行形状补间动画的设置。因此，在制作本实例时应直接绘制猩猩和原始人剪影。另外，对于这种起始关键帧和结束关键帧的形状比较复杂的动画还需要在制作过程中添加形状提示符，以此获得更理想的变形效果。

> **小　贴　士**
>
> 形状提示符包含字母（a~z），用于识别起始形状和结束形状中相对应的点。最多可以使用 26 个形状提示符。
>
> 起始关键帧上的形状提示符是黄色的，结束关键帧上的形状提示符是绿色的，当不在一条曲线上时为红色。要在补间形状时获得最佳效果，遵循如下准则。
>
> 1）在复杂的补间形状中，需要创建中间形状然后再进行补间，而不能只定义起始和结束的形状。
>
> 2）确保形状提示符是符合逻辑的。例如，如果在一个三角形中使用 3 个形状提示符，

则在原始三角形和要补间的三角形中它们的顺序必须是一致的。它们的顺序不能在第一个关键帧中是 abc，而在第二个关键帧中是 acb。

　　3）如果按逆时针顺序从形状的左上角开始放置形状提示符，它们的工作效果最好。

01 新建一个 Flash 文档，按【Ctrl+S】组合键，将文件保存为"原始人进化.fla"。

02 打开"素材与源文件\项目 4\任务 4.2\素材\剪纸背景素材.jpg"文件，如图 4-2-2 所示。

03 绘制大猩猩初步外形。新建图层，并命名为"原始人"，使用线条工具 \ 【N】绘制出大猩猩的外形，使用选择工具 ▶ 【V】调整大猩猩的造型，使用颜料桶工具 ◊ 【K】填充大猩猩的颜色。删除线条，调整大猩猩的大小和距离，如图 4-2-3 所示。

图 4-2-2　素材背景　　　　　　　　　　　图 4-2-3　大猩猩效果

04 绘制原始人站立。在"时间轴"面板第 15 帧处按【F7】键，插入空白关键帧，用线条工具 \ 【N】绘制出原始人的外形，使用选择工具 ▶ 【V】调整原始人的造型，使用颜料桶工具填充 ◊ 【K】填充原始人的颜色。删除线条，调整原始人的距离和大小，如图 4-2-4 所示。

05 制作形状补间动画。在第 5 帧处插入关键帧，在第 5～15 帧创建形状补间动画，如图 4-2-5 所示。

图 4-2-4　原始人效果　　　　　　　　　　图 4-2-5　创建形状补间动画

06 为"大猩猩"到"原始人"之间的形状补间动画添加形状提示符。选中第 5 帧上的大猩猩，执行"修改→形状→添加形状提示"命令 5 次，添加 5 个形状提示，并拖到如图 4-2-6 所示位置，调整第 15 帧上的原始人身上的形状提示符如图 4-2-7 所示。

图 4-2-6　大猩猩上的形状提示　　　　　　图 4-2-7　原始人上的形状提示

07 测试并保存文件。按【Ctrl+Enter】组合键进行测试，然后按【Ctrl+S】组合键保存文件。

实践探索

利用形状补间动画的知识，完成翻书动画的制作，效果如图 4-2-8 所示。

图 4-2-8　翻书动画效果　　　　　　　　　　　　翻书动画

项目 5

传统补间动画

传统补间动画是对一个图形对象在两个关键帧上设置不同的属性（如大小、旋转、角度、颜色等），并在两个关键帧之间建立的一种关系。创建传统补间动画与创建形状补间动画的方法类似，先建立起始关键帧和结束关键帧的状态，然后由计算机自动在两个关键帧之间生成过渡关键帧动画。与形状补间动画相比不同之处是，传统补间动画要求动画的对象必须是实例、组合图形或文本，对于分离的图形，必须先将它组合或转换为元件后，才能进行。传统补间动画常用于制作场景中元件位移和大小的变化。

学习目标

初步认识传统补间动画。

能够制作简单的传统补间动画。

掌握重复不间断背景动画的制作方法。

掌握复杂补间动画的制作方法。

项 目 引 导

1. Flash 的补间动画发展

在 Flash 8 以前的版本中补间只有如下两种形式,并没有传统补间。

1)创建补间动画(包括缩放、旋转、位置、透明度变化等)。

2)创建补间形状(主要用于变形动画,如圆形变成方形等)。

在"时间轴"面板上的表现形式也不一样,如图 5-0-1 所示。

到了 Flash CS3,加入了一些 3D 的功能,传统的两种补间无法实现 3D 的旋转,所以之后的创建补间动画不再是以前版本上的定义了,为了区别就把旧版本中的创建补间动画称为传统补间动画,这样就出现了 3 种创建补间的形式。

1)创建补间动画(可以完成传统补间动画的效果和 3D 补间动画)。

2)创建补间形状(用于变形动画)。

3)创建传统补间动画(位置、旋转、缩放、透明度等变化)。

这 3 种补间在"时间轴"面板上的表现形式如图 5-0-2 所示。

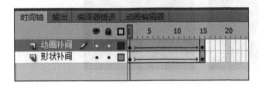
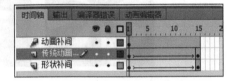

图 5-0-1　两种补间动画的表现形式　　　　图 5-0-2　3 种补间动画的表现形式

2. 传统补间动画的概念

传统补间动画又称为运动补间动画,它所处理的对象必须是舞台中的组件实例,多为图形组合、文字、导入的素材对象。利用这种动画可以实现对象的大小、位置、旋转、颜色及透明度等变化的设置。

3. 传统补间动画的类型

传统补间动画主要有 3 种类型:位移动画、大小变化动画、旋转变化动画。

(1)位移动画

如图 5-0-3 所示的"小球反弹"动画是一个典型的位移动画:小球沿直线从左向右运动,碰到墙壁后向左反弹,整个动画过程只有小球位移的变化。

图 5-0-3　小球反弹

（2）大小变化动画

在"矩形由大变小"动画中矩形元件由大变小。这个动画并不是形状渐变动画，因为在这个动画中矩形仍是矩形，并没有形状变化，只是大小和 Alpha 值发生了变化，可以用传统补间动画来实现这个效果，如图 5-0-4 所示。

图 5-0-4　矩形由大变小

（3）旋转变化动画

"花瓣旋转"动画中花瓣不断围绕一个中心点旋转，并且在颜色和大小上都有变化，这个动画可以通过形状渐变动画来制作，效果如图 5-0-5 所示。

图 5-0-5　花瓣旋转

4. 构成元素

构成传统补间动画的元素是元件，包括影片剪辑元件、图形元件、按钮元件、文字、位图、组合等，但不能是形状，只有把形状"组合"或者转换成"元件"后才可以创建传统补间动画。

5. 在"时间轴"面板上的表现

传统补间动画建立后，在起始帧和结束帧之间有一个长长的箭头，背景色变为淡紫色，如图 5-0-6 所示。

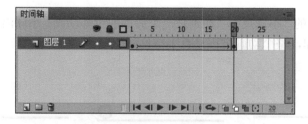

图 5-0-6　传统补间动画在"时间轴"面板上的表现

6. 创建传统补间动画的方法

在"时间轴"面板上动画开始播放的地方创建或选择一个关键帧并设置一个元件，一帧中只能放一个项目，在动画要结束的地方创建或选择一个关键帧并设置该元件的属性，再选中开始帧，右击，在弹出的菜单中选择"创建传统补间"，就建立了传统补间动画。

任务 5.1　绘制传统动作补间动画——滚动的 3D 小球

■任务目的

本任务的主要目的是掌握传统补间动画的创建方法，掌握重复不间断背景动画的制作方法。

任务分析

"滚动的 3D 小球"动画实现的是小球在地面上向远处滚动然后再返回的动画效果，如图 5-1-1 所示。小球发生的是线性的位移和缩放，所以可以判断为动作补间。

图 5-1-1 "滚动的 3D 小球"效果预览　　　　　　　　滚动的 3D 小球

任务实施

操作要求：地板网格的制作要符合透视规律，移动动画要流畅。

技能点拨：

1）使用线条工具和任意变形工具制作地板。

2）使用椭圆工具和渐变变形工具制作小球。

3）制作小球及倒影的动作补间动画。

01 新建一个 Flash 文档，设置舞台大小为 550×400 像素，按【Ctrl+S】组合键，将文件保存为"滚动的 3D 小球.fla"。

02 绘制背景矩形。使用矩形工具▢【R】在舞台上绘制一个矩形，打开"对齐"面板，勾选"与舞台对齐"复选框，单击"匹配宽和高"按钮，并与舞台居中对齐，如图 5-1-2 所示。

03 填充背景矩形。选中矩形，打开"颜色"面板，设置渐变模式为线性渐变，两端色块分别为深灰色（#475461）和黑色（#000000），如图 5-1-3 所示。

图 5-1-2　调整矩形匹配舞台大小　　　　图 5-1-3　背景矩形渐变色设置

04　制作地板。使用线条工具 \ 【N】绘制一个 6×6 的网格，如图 5-1-4 所示。

图 5-1-4　网格效果参考图

小　贴　士

6×6 的网格绘制技巧。

1）使用线条工具同时按下"绘制对象"按钮。

2）绘制 1 根水平线条后，按住【Alt】键同时拖动鼠标，复制出另 6 根水平线，使用"对齐"面板中的"水平中齐"和"平均分布"来调整水平线条的位置。

3）复制调整好的水平线条，旋转 90°。

4）选中所有的线条，按【Ctrl+B】组合键打散对象。

05　利用任意变形工具 ▦ 【Q】进行旋转和变形，将网格调整出如图 5-1-5 所示的透视效果，然后按【F8】键，将地板转化为图形元件，命名为"地板"。

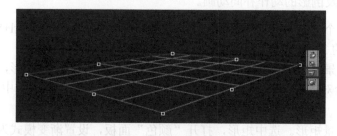

图 5-1-5　地板透视效果图

06 按【Ctrl+F8】组合键新建一个图形元件，并命名为"小球"，使用椭圆工具 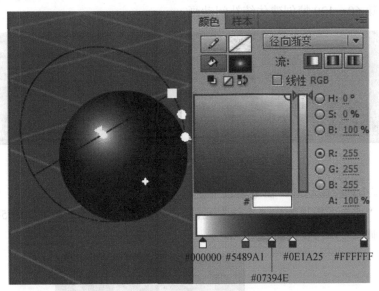【O】绘制一个正圆，使用"颜色"面板给小球填充颜色，颜色参数如图 5-1-6 所示。

图 5-1-6　小球渐变色设置

07 新建一个图层，命名为"小球外轮廓"，原位复制"小球"到本图层，重新设置"小球"外轮廓的渐变色，色块参数如图 5-1-7 所示。

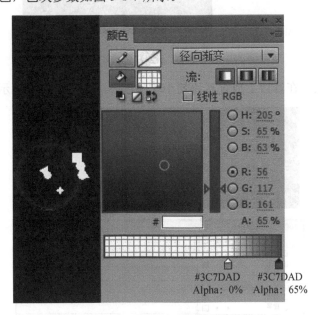

图 5-1-7　小球外轮廓渐变设置

08 在主场景中新建一个图层，命名为"小球1"，将"小球"元件放置在主场景上，调整小球的大小。

09 制作小球滚动动画。分别在第 60 帧和第 120 帧处按【F6】键，插入关键帧，在第 60 帧处将小球向后移动到适当位置，如图 5-1-8 所示，然后将小球缩小适当的比例，分别在第 1～60 帧、第 60～120 帧创建传统补间动画。

图 5-1-8　小球位置参考

10 制作小球投影动画。在主场景中新建一个图层，命名为"投影 1"，将图层调整至网格下方，从"库"面板里拖出"小球"元件，设置 Alpha 值为 30%，如图 5-1-9 所示，小球投影动画的制作方法与步骤 **09** 相同。

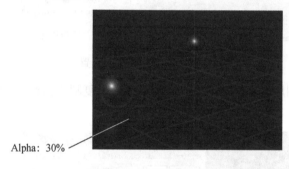

Alpha：30%

图 5-1-9　小球投影效果

11 新建图层，在舞台上放置其他的小球和投影，如图 5-1-10 所示。

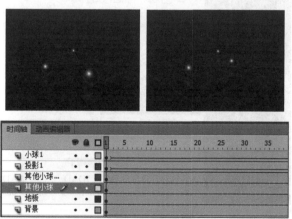

图 5-1-10　小球放置效果

12 测试并保存文件。按【Ctrl+Enter】组合键进行测试，然后按【Ctrl+S】组合键保存文件。

实践探索

根据学习的循环背景的补间动画制作方法，制作如下的"飘浮的热气球"动画，效果如图 5-1-11 所示。

图 5-1-11　"飘浮的热气球"动画效果

任务 5.2　绘制重复不间断背景动画——骑行记

任务目的

本任务的主要目的是掌握重复不间断背景动画的制作技巧和方法。

任务分析

本任务完成一个跟镜头的动画效果，如图 5-2-1 所示。动画效果可分解成女孩骑车动画和背景运动动画，女孩骑车动画作为素材已提供，背景运动要求不能间断，所以可以考虑制作成循环动画。

图 5-2-1　骑行记动画效果预览　　　　　　　　　　　　骑行记

任务实施

操作要求：背景物体的移动要有层次感，循环移动动画要流畅。

技能点拨：

1）复制循环图片，拼接两张图片。

2）制作补间动画，注意第 1 帧与最后 1 帧画面的衔接。

01 打开素材文件。打开"素材与源文件\项目 5\任务 5.2\素材\素材.fla"文件，设置舞台大小为 590×300 像素，并按【Ctrl+S】组合键，将文件保存为"骑行记.fla"。

02 制作安全框。将"图层 1"重命名为"安全框"，使用矩形工具■【R】在舞台贴着外围绘制 4 个黑色的矩形块，如图 5-2-2 所示，再将 4 个矩形打散并锁定。

03 新建 5 个图层，分别命名为"蓝天""太阳""云""树与房""骑车女孩"，然后从"库"面板中拖出"蓝天""太阳""白云""树与房""骑车动画"5 个元件，并在舞台上排列成如图 5-2-3 所示的位置。

图 5-2-2　安全框绘制图　　　　　　　　图 5-2-3　元件放置参考图

04 处理"树与房子"背景。双击"树与房子"元件实例，进入元件编辑窗口，选中舞台中的对象，按住【Alt+Shift】组合键的同时拖动对象，复制出一份并接到其右侧，然后排列到前一对象的下一层，拼接好两张图，效果如图 5-2-4 所示。

图 5-2-4　背景拼接效果

循环背景动画背景拼接技巧。

1）将原背景素材复制一份拼接至其后，注意对齐位置。

2）如果背景的直接拼接效果不好，可以先对复制的素材进行水平翻转再进行拼接。

05 回到主场景。在"树与房"图层的第 240 帧处插入关键帧，然后按住【Shift】键的同时向左侧拖动"树与房子"元件实例，让元件实例中的复制图与第 1 帧的画面重叠，如图 5-2-5 和图 5-2-6 所示。

图 5-2-5　第 1 帧的画面

图 5-2-6　第 240 帧的画面

小　贴　士

循环背景动画制作技巧。

1）为了让第 1 帧与第 240 帧的画面相同，可以新建一个图层，用于绘制一个参考标志，如在房子上方绘制一条直线。

2）拖动第 240 帧的画面时只需要保证后复制的部分中房子的位置与直线对齐即可，如图 5-2-7 所示。

图 5-2-7　参考标志对齐参考

3）删除参考标志图层。

06　在第 1～240 帧创建传统补间动画，然后在第 239 帧处插入关键帧，再将第 239 帧的关键帧拖到第 240 帧上覆盖原来的第 240 帧。按【Ctrl+Enter】组合键测试动画效果。

07　白云飘动动画的制作方法与"树与房子"循环动画的制作方法类似，具体参考步骤 **04** ～步骤 **06** 。

小　贴　士

注意镜头的规律：自行车后的树和房子的运动速度要比天上的白云快。

08　测试并保存文件。按【Ctrl+Enter】组合键进行测试，然后按【Ctrl+S】组合键保存文件。

实践探索

根据学习的循环背景的补间动画制作方法，制作如下的"窗外风光"动画，效果如图 5-2-8 所示。

图 5-2-8 "窗外风光"动画效果

任务 5.3 绘制分节动画——滑落的水滴

任务目的

本任务的主要目的是熟练掌握传统补间动画的创建方法，掌握分节动画的制作方法。

任务分析

滑落的水滴

"滑落的水滴"动画如图 5-3-1 所示。本例的动画效果分成 3 部分：水滴动画、叶子动画和下雨动画。同时又是由 3 段有先后顺序的动画组成，首先是水滴下落到叶片上，此时叶子位置下降；接着水滴在叶片上下滑；然后水滴在叶片边沿发生变形；最后水滴滑落离开叶片，此时叶子回到原来的位置。

图 5-3-1 "滑落的水滴"效果预览

任务实施

操作要求：水滴滑落时的形状要符合运动规律，时间和节奏的把握要合理。

技能点拨：

1）绘制天空、树干和叶子。

2）制作"雨点"影片剪辑元件。

3）制作水滴滑落动画。

01 新建一个 Flash 文档，设置舞台大小为 260×260 像素，帧速率为"12fps"，并按【Ctrl+S】组合键，将文件保存为"滑落的水滴.fla"。

02 将"图层 1"重命名为"背景"，在"背景"图层绘制天空和树干，如图 5-3-2 所示。

03 新建"树叶"图形元件，使用线条工具 【N】绘制出叶子的形状，并填充绿色，如图 5-3-3 所示。

04 在主场景中新建图层并命名为"叶子"，将"树叶"图形元件拖放到舞台上，调整位置，如图 5-3-4 所示。

图 5-3-2　绘制天空和树干　　　图 5-3-3　绘制树叶　　　图 5-3-4　调整树叶位置

05 新建"水滴"图形元件，调整背景颜色为黑色，使用椭圆工具 【O】绘制一个椭圆（无笔触颜色、填充透明度为 40%的白色），用选择工具 【V】进行变形，再次使用椭圆工具 【O】绘制两个小椭圆（无笔触颜色、填充透明度为 80%的白色），用选择工具 【V】进行变形，如图 5-3-5 所示。

06 新建"雨点"影片剪辑元件，在场景中绘制几条斜线，设置线条颜色为白色，透明度为 50%，方向相同（按住【Shift】键），如图 5-3-6 所示。

07 在第 2 帧处插入关键帧，将线条向下向右移动 3 个像素。

08 回到主场景，新建"水滴"图层，在第 4 帧处插入关键帧，将"水滴"图形元件拖放到场景中，将"水滴"图形元件放在场景上方，如图 5-3-7 所示。

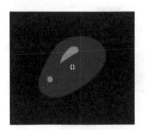

图 5-3-5　绘制水滴　　　图 5-3-6　绘制雨点　　　图 5-3-7　放置"水滴"元件

09 在第 6 帧处插入关键帧，将"水滴"拖放到叶片上，并将方向进行适当旋转，创建传统补间动画，如图 5-3-8 所示。

10 在第 11 帧处插入关键帧，将"水滴"拖放到叶尖处，创建传统补间动画，如图 5-3-9 所示。

11 在第 17 帧处插入关键帧，将"水滴"进行变形和位置调整，并创建传统补间动画，如图 5-3-10 所示。

12 在第 20 帧处插入关键帧，将"水滴"向下拖至场景下方，并创建传统补间动画，如图 5-3-11 所示。

13 在"叶子"图层的第 5 帧处插入关键帧,将"叶子"向下移动,在第 20 帧处插入关键帧,将"叶子"还原到原位置,如图 5-3-12 所示。

14 新建"雨点"图层,将"雨点"影片剪辑元件拖到舞台上,并布满场景,如图 5-3-13 所示。

图 5-3-8　第 6 帧

图 5-3-9　第 11 帧

图 5-3-10　第 17 帧

图 5-3-11　第 20 帧

图 5-3-12　第 20 帧

图 5-3-13　添加下雨效果

15 测试并保存文件。按【Ctrl+Enter】组合键进行测试,然后按【Ctrl+S】组合键保存文件。

实践探索

根据学习的分节补间动画制作方法,制作"发光的灯塔"动画,效果如图 5-3-14 所示。

图 5-3-14　"发光的灯塔"动画效果

任务 5.4　实战演练 1——绘制办公桌运动

任务目的

　　本任务要制作一个动画对象较多的综合动画，通过本动画的制作，可以巩固传统补间动画制作方法，更重要的是掌握多对象补间动画制作的技巧。

任务分析

　　本任务完成的是一个 23 个元素运动组合的动画集合，如图 5-4-1 所示为办公桌运动效果预览图。通过观察动画可发现它们在位置和出现顺序上有关联。由于元素较多，可以考虑在开始制作动画前先将所有的元素在舞台上定好位置，即每个元素的最终位置。接着再按动画出现的顺序和效果依次制作动画。

 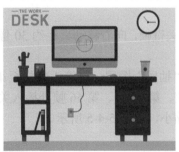

图 5-4-1　"办公桌运动"效果预览　　　　　　　　　　　　绘制办公桌运动

任务实施

　　操作要求：文字和图形的布局要美观，动画时间和节奏的把握要合理。

　　技能点拨：

　　1）排列图片素材。

　　2）逐一制作补间动画，注意位置和时间的对比关系。

　　01 打开素材文件。打开"素材与源文件\项目 5\任务 5.4\素材\素材.fla"文件，设置舞台大小为 800×600 像素，并按【Ctrl+S】组合键，将文件保存为"办公桌运动.fla"。

02 排列舞台元件实例。新建 23 个图层，从"库"面板中将所有的元件拖到舞台上并排列好位置，要求每个元件实例占用一个图层。排列效果如图 5-4-2 所示，图层命名如图 5-4-3 所示。

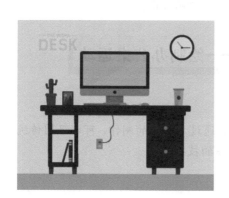

图 5-4-2　排列效果图　　　　　　　　　　图 5-4-3　图层命名参考图

03 桌柜动画。隐藏除"背景"和"桌柜"外的所有图层，将"桌柜"层的第 1 帧拖到第 5 帧，分别在第 5 帧、第 25 帧处插入关键帧，在第 5 帧处将"桌柜"向左移动约 130 像素，使用任意变形工具▦【Q】将桌柜沿水平方向缩小，效果如图 5-4-4 所示，创建传统补间动画。

04 在第 48 帧处插入关键帧，向右移动桌柜约 30 像素，在第 25～48 帧创建传统补间动画。

05 抽屉动画。选中"抽屉"图层，将第 1 帧拖至第 13 帧的位置，分别在第 24 帧、第 30 帧、第 39 帧、第 43 帧、第 46 帧、第 56 帧处插入关键帧，使用任意变形工具▦【Q】将第 13 帧处的抽屉旋转和缩小，如图 5-4-5 所示。

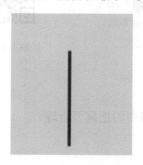

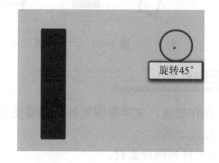

旋转45°

图 5-4-4　第 5 帧桌柜状态　　　　　　　　图 5-4-5　第 13 帧的抽屉状态

06 使用任意变形工具▦【Q】设置第 24 帧的画面如图 5-4-6 所示，第 30 帧的画面如图 5-4-7 所示，第 39 帧的画面如图 5-4-8 所示，第 43 帧的画面如图 5-4-9 所示。

图 5-4-6　第 24 帧的画面　　图 5-4-7　第 30 帧的画面　　图 5-4-8　第 39 帧的画面　　图 5-4-9　第 43 帧的画面

07 分别创建第 13～24 帧、第 24～30 帧、第 30～39 帧、第 39～43 帧的补间动画。

08 在第 46 帧处插入关键帧，创建第 46～48 帧的补间动画，在第 48～56 帧创建两段重复的抽屉稍微右转、还原的动画效果，做法参见步骤 **06** 和步骤 **07**。"时间轴"面板如图 5-4-10 所示。

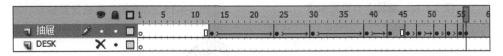

图 5-4-10　抽屉"时间轴"面板

09 桌面动画。选中"桌面"图层，将第 1 帧拖到第 76 帧的位置，在第 24、48、69 帧处插入关键帧。选中第 24 帧的画面，使用任意变形工具 【Q】将桌面缩小成如图 5-4-11 所示的大小，创建第 24～48 帧的补间动画。

10 选中第 59 帧，使用任意变形工具 【Q】横向缩小桌面至原大小的 85%左右，创建第 48～56 帧、第 56～69 帧的补间动画。第 59 帧画面如图 5-4-12 所示。

图 5-4-11　桌面缩小参考　　　　　　　图 5-4-12　桌面第 59 帧画面

11 在第 70～76 帧，使用任意变形工具 【Q】制作两次桌面横向轻微缩小和拉长动画。做法参见步骤 **09** 和步骤 **10**。"时间轴"面板如图 5-4-13 所示。

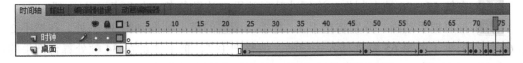

图 5-4-13　桌面动画"时间轴"面板

12 层架动画。选中"层架"图层，将第 1 帧拖到第 22 帧的位置，在第 23 帧处插入关键帧，选中层架，利用任意变形工具 ▦ 【Q】将变形中心调至右上角，如图 5-4-14 所示；按下【Ctrl+T】组合键，打开"变形"面板，设置缩放比例为 90%，旋转角度为-10°，如图 5-4-15 所示，反复单击"重置选区和变形"按钮 25 次，效果如图 5-4-16 所示。

图 5-4-14　旋转中心设置参考　　　　图 5-4-15　"变形"面板设置参考

图 5-4-16　复制并应用变形结果

13 将旋转并复制出来的 25 个层架分别剪切放置在第 22~57 帧处，然后在中间创建补间动画，注意速度上应先快后慢，"时间轴"面板如图 5-4-17 所示。

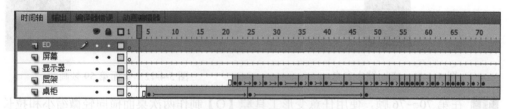

图 5-4-17　层架"时间轴"面板

14 在第 57~76 帧上制作一次缓冲动画效果，效果参考"办公桌运动.swf"。

15 抽屉把手动画。分别将把手 1、把手 2 图层的第 1 帧拖到第 34 帧处，在把手 2 的第 60 帧、把手 1 的第 65 帧处插入关键帧，调整把手 1、把手 2 的第 34 帧处舞台把手的位置，如图 5-4-18 所示，同时稍微缩小把手，并将透明度调整为 0。

16 创建把手 1、把手 2 两个关键帧之间的补间动画。

17 书的动画。分别将"书1""书2"图层第1帧拖到第42帧处，在"书1"图层第72帧处插入关键帧，"书2"图层第74帧处插入关键帧，将"书1""书2"图层第42帧处的舞台上的书拖至舞台上方，位置如图5-4-19所示。

18 花盆动画。将"花盆"图层第1帧拖动到第48帧处，在75帧处插入关键帧，选中第48帧处的花盆，将花盆移到桌子中间，并横向缩小花盆，如图5-4-20所示，创建第48～75帧之间的补间动画。

图5-4-18　把手1、把手2位置参考　　图5-4-19　第42帧处书的位置　　图5-4-20　花盆初始状态参考

19 仙人掌动画。将"仙人掌"图层的第1帧拖到第59帧处，在第96帧处插入关键帧，将第59帧处的仙人掌向上移动并纵向缩小仙人掌，如图5-4-21所示，创建第59～96帧的补间动画。

20 水杯动画。将"水杯"图层的第1帧拖到第56帧处，在第91帧处插入关键帧，具体的动画做法参考仙人掌动画。

21 相框动画。将"相框"图层的第1帧拖到第77帧处，在第94帧处插入关键帧，具体的动画做法参考仙人掌动画。

22 桌脚动画。将"桌脚"图层的第1帧拖到第64帧处，在第81帧处插入关键帧，将第64帧处的桌脚移到舞台下方并纵向缩小桌脚，如图5-4-22所示，创建第64～81帧的补间动画。

23 键盘动画。将"键盘"图层的第1帧拖到第70帧处，在第94帧和第97帧处插入关键帧，在第70～94帧处制作键盘从中间向两侧伸展动画，并在第94～97帧处制作缓冲动画。

图5-4-21　第59帧仙人掌状态

24 鼠标动画。将"鼠标"图层的第1帧拖到第77帧处，在第99帧和第103帧处插入关键帧，在第77～99帧上制作鼠标从左向右伸展动画，如图5-4-23所示，并在第99～103帧处制作缓冲动画。

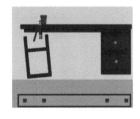

图5-4-22　第64帧桌脚状态

图5-4-23　键盘、鼠标动画方向示意图

25 显示器动画。将"显示器"图层的第1帧拖到第93帧处，在第109帧处插入关键

帧，在第 85 帧上将显示器移动到舞台上方，位置如图 5-4-24 所示，创建第 93～109 帧的补间动画。

26 显示器支架动画。将"显示器支架"图层的第 1 帧拖到第 85 帧处，在第 108 帧处插入关键帧，在第 85 帧上将显示器支架移动到桌面下方，位置如图 5-4-25 所示，创建第 85～108 帧处的补间动画。

27 电线动画。将"显示器支架"图层的第 1 帧拖到第 110 帧处，在第 128 帧处插入关键帧，在第 110 帧处将电线沿纵向向上缩小，创建第 110～128 帧的补间动画，效果如图 5-4-26 所示。

 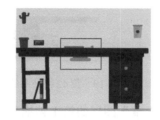 

图 5-4-24　第 93 帧显示器位置　　图 5-4-25　第 85 帧显示器支架位置　　图 5-4-26　电线动画示意图

28 在"DESK"图层的第 137～166 帧处制作 DESK 透明度由 0～95%的补间动画，动画制作流程参考前面的步骤，效果参考"办公桌运动.swf"。

29 在"时钟"图层的第 50～77 帧处制作时钟由中间向两侧伸展和位移的补间动画，动画制作流程参考前面的步骤，效果参考"办公桌运动.swf"。

30 测试并保存文件。按【Ctrl+Enter】组合键进行测试，然后按【Ctrl+S】组合键保存文件。

小 贴 士

为了简化本实例的操作步骤，将运动中的重力、惯性、准备、缓冲等运动规律进行简化，希望读者在制作过程中可以适当补充，使动画效果更佳。

实践探索

根据学习的循环背景的补间动画制作方法，制作"电子邮件宣传"动画，效果如图 5-4-27 所示。

图 5-4-27　"电子邮件宣传"动画效果

任务 5.5　实战演练 2——绘制节约用水公益广告

任务目的

　　本任务是一个综合训练任务，通过合理运用所学习的动画制作方法来完成动画效果，掌握简单的公益广告的制作方法，积累应用型动画的制作经验。

任务分析

　　本任务要完成的动画效果可分解为 4 个部分，包括流水动画、水波动画、涨水动画、文字动画。通过观察，可以看出流水动画、水波动画使用逐帧动画来制作，涨水动画可以使用形状补间或动作补间动画来制作，最后的文字动画是一个由小变大、由透明变不透明的旋转动画。效果如图 5-5-1 所示。

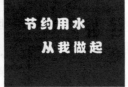

图 5-5-1　效果预览　　　　　　　　　　　　　　　　绘制节约用水公益广告

任务实施

　　操作要求：水池和水龙头的绘制要美观，画面中各对象的大小比例要协调，水流和水花的动画制作要符合水的运动规律。

　　技能点拨：

　　1）导入背景素材，绘制水池和水龙头。

　　2）制作水流逐帧动画、水满溢出的形状补间动画。

　　3）制作水波的逐帧动画。

　　4）制作文字旋转变化动画。

　　01　新建一个 Flash 文档，设置舞台大小为 638×486 像素，颜色为黑色，并按【Ctrl+S】组合键，将文件保存为"节约用水.fla"。

　　02　导入素材图片。按【Ctrl+R】组合键，将素材"背景.jpg"导入到舞台，再按【Ctrl+X】组合键，打开"对齐"面板，单击"水平中齐"和"垂直中齐"按钮，将图片和舞台对齐。将"图层 1"重命名为"背景"并将其锁定，如图 5-5-2 所示。

　　03　新建一个图层并重命名为"水池"，新建一个"水池"图形元件，进入元件内部，使用线条工具 ＼【N】和颜料桶工具 ◇【K】绘制一个水池，其中池底颜色值为"#7D8793"，水池内壁颜色值为"#9CA5AD"，水池顶颜色值为"#DDE0E3"，水池外壁颜色值为"#BCC1C7"，轮廓颜色值为"#999999"，如图5-5-3所示。回到场景，将"水池"图形元件拖动到如图5-5-4所示位置。

图5-5-2　背景　　　　　　　图5-5-3　"水池"图形元件　　　　　　图5-5-4　"水池"图层

04 新建一个图层并重命名为"水龙头"，新建一个名称为"水龙头"的图形元件，进入元件内部，使用线条工具 \ 【N】、选择工具 ▶ 【V】和颜料桶工具 ◇ 【K】绘制一个水池，其中水龙头基本色的颜色值为"#B3C5D0"，水龙头暗部的颜色值为"#435E70"，水管基本色的颜色值为"#8FC8D6"，水管暗部的颜色值为"#317682"，轮廓颜色值为"#999999"，如图5-5-5所示。回到场景，将"水池"图形元件拖动到如图5-5-6所示位置。

图5-5-5　"水龙头"图形元件　　　　　　图5-5-6　"水龙头"图层

05 新建一个名称为"流水1"的图形元件，进入元件内部，使用线条工具 \ 【N】、选择工具 ▶ 【V】和颜料桶工具 ◇ 【K】绘制流水1（注意：流水和高光要分图层绘制）。其中流水填充色为"线性渐变"[左色标为蓝色（#3399FF），Alpha值为"100%"；右色标为白色（#FFFFFF），Alpha值为0]，流水的3个高光填充白色，Alpha值依次为"95%""50%""14%"，如图5-5-7所示。用同样的方法新建一个名称为"流水2"的图形元件，绘制流水2

的形状如图 5-5-8 所示。

图 5-5-7 "流水 1"图形元件

图 5-5-8 "流水 2"图形元件

06 制作流水动画。在"水池"图层上方新建一个图层并重命名为"流水",新建一个名称为"流水动画"的影片剪辑元件,进入元件内部,将"流水 1"图形元件拖动到"流水动画"影片剪辑元件的第 1 帧处,在"流水动画"影片剪辑元件的第 3 帧处插入关键帧,将"流水 2"图形元件拖动到第 3 帧上,如图 5-5-9 所示。返回舞台,将"流水动画"影片剪辑元件拖动到"流水"图层的第 1 帧处,如图 5-5-10 所示。

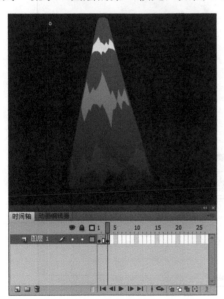

图 5-5-9 "流水动画"影片剪辑元件

图 5-5-10 "流水"图层

07 在"水池"图层上方新建一个图层并重命名为"水面",在该图层上绘制一个和池底一样大小的矩形,设置笔触颜色为无,填充径向渐变［左色标为白色(#FFFFFF),Alpha值为 80%;右色标为蓝色(#3399FF),Alpha 值为 80%］,使用渐变变形工具 【F】调整矩形的渐变方向,效果如图 5-5-11 和图 5-5-12 所示。

08 选中"水面"图层上的矩形,按【F8】键,将它转换成名称为"水面"的图形元件。双击该元件,进入元件内部,在第 100 帧处插入关键帧,并使用任意变形工具 调整其大小,使其覆盖整个水池,并创建形状补间动画,效果如图 5-5-13 所示。

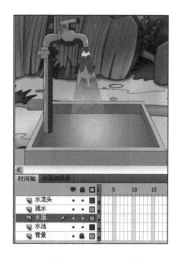

图 5-5-11　"水面"图层

图 5-5-12　"颜色"面板

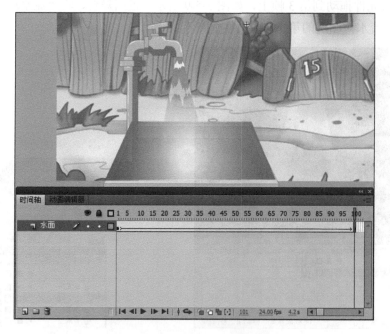

图 5-5-13　"水面"图形元件

09　回到场景，分别在所有图层的第 160 帧处按【F5】键，插入普通帧。选中"水面"图层中的"水面"图形元件，在"属性"面板中将循环选项设置为"播放一次"，如图 5-5-14 所示。

10　新建一个名称为"水波 1"的图形元件，绘制如图 5-5-15 所示的形状并填充淡蓝色（#CBFFFF），用同样方法制作"水波 2""水波 3""水波 4"图形元件，如图 5-5-16～图 5-5-18 所示。

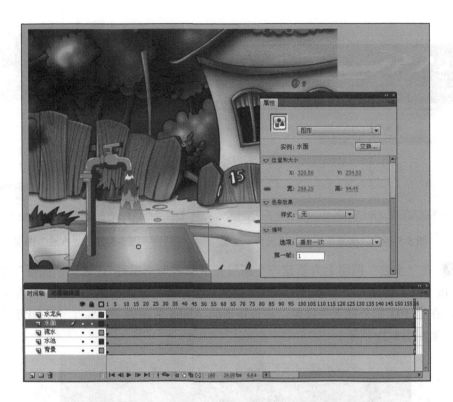

图 5-5-14　设置"水面"图形元件播放一次

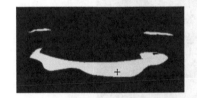

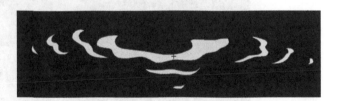

图 5-5-15　"水波 1"图形元件　　　　　　图 5-5-16　"水波 2"图形元件

图 5-5-17　"水波 3"图形元件　　　　　　图 5-5-18　"水波 4"图形元件

11　新建一个名称为"水波"的影片剪辑元件，分别在第 4 帧、第 7 帧、第 10 帧处插入关键帧，在第 12 帧处插入普通帧。将"水波 4"图形元件放在第 1 帧上，将"水波 1"图形元件放在第 4 帧上，将"水波 2"图形元件放在第 7 帧上，将"水波 3"图形元件放在第 10 帧上，调整其大小和位置，如图 5-5-19 所示。返回场景，在"水龙头"图层上方新建一个图层并重命名为"水波"，拖动"水波"影片剪辑元件到该图层上，调整其大小和位置，如图 5-5-20 所示。

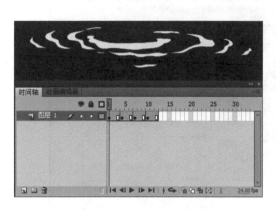

图 5-5-19 "水波"影片剪辑元件   图 5-5-20 "水波"图层

12 在"水波"图层上方新建一个图层并重命名为"黑幕"。选中"黑幕"图层的第
90 帧，按【F6】键插入关键帧，在该帧上绘制一个比舞台稍大的黑色矩形，设置 Alpha 值
为"0"，在第 103 帧处插入关键帧，将该矩形的 Alpha 值改为"75%"，并创建形状补间动
画，效果如图 5-5-21 所示。

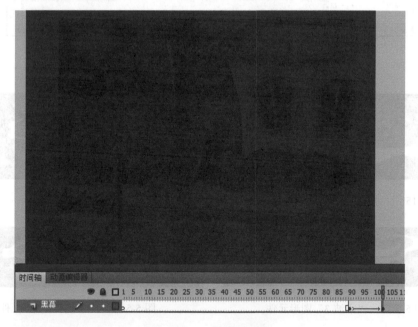

图 5-5-21 "黑幕"图层

13 在"黑幕"图层上方新建一个图层并重命名为"节约用水"，在该图层的第 103
帧处按【F6】键插入关键帧，在该帧上使用文本工具 **T**【T】输入文字"节约用水"（字体
为方正胖简体，大小为 60 点，颜色为白色，字母间距为 15），如图 5-5-22 所示。选中文字，
按【F8】键将文字转换为名称为"节约用水"的图形元件，如图 5-5-23 所示。

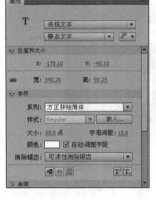

图 5-5-22　文字"属性"面板　　　　　　图 5-5-23　制作"节约用水"图形元件

14　在"节约用水"图层的第 120 帧处按【F6】键插入关键帧，将第 103 帧上的文字元件缩小至最小，Alpha 值调整为"1%"。在第 103～120 帧中的任意帧处右击，在弹出的快捷菜单中选择"创建传统补间"命令，如图 5-5-24 所示。在"属性"面板中设置"缓动：50；旋转：顺时针旋转两圈"，如图 5-5-25 所示。

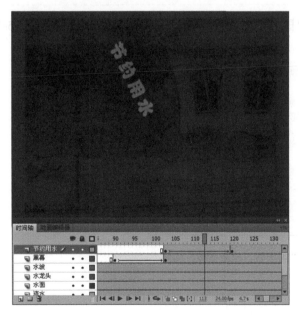

图 5-5-24　制作文字动画　　　　　　图 5-5-25　动画"属性"面板

15　新建一个图层并重命名为"从我做起"，用同样的方法在该图层的第 115～130 帧制作文字旋转出现动画，如图 5-5-26 所示。

16 新建一个图层并重命名为"动作"，在该图层的第 160 帧处插入关键帧，然后右击，在弹出的快捷菜单中选择"动作"命令，在该面板中输入"stop( );"，如图 5-5-27 所示。

图 5-5-26　制作文字动画

图 5-5-27　添加代码

17 测试并保存文件。按【Ctrl+Enter】组合键进行测试，然后按【Ctrl+S】组合键保存文件。

实践探索

根据传统补间动画的知识，完成"国庆假日旅游宣传"动画的制作，效果如图 5-5-28 所示。

图 5-5-28　"国庆假日旅游宣传"动画

项目 6

引导层动画

　　在生活中，有很多运动是曲线的或不规则的，如月亮绕地球旋转、鱼儿在大海里遨游、蝴蝶在花丛中飞舞等，而 Flash 提供了一种简便方法来实现对象沿着复杂路径移动的效果，这就是引导层。带引导层的动画也称为轨迹动画或引导路径动画。

　　将一个或多个层链接到一个运动引导层，使一个或多个对象沿同一条路径运动的动画形式称为引导层动画或引导路径动画。这种动画可以使一个或多个元件按照指定的路径完成曲线或不规则运动。

　　引导层动画由引导层和被引导层组成，引导层是用于放置对象运动路径的运动引导层，被引导层是用于放置运动对象的普通图层，运动引导层与下面的普通图层相关联。一个普通层只能对应一个引导层，一个引导层可以对应多个普通层。

学习目标

　　了解创建引导层动画的基本原理。

　　理解普通引导层的辅助线的作用。

　　掌握创建引导层动画的方法，特别是运动对象和引导线的吸附操作。

　　熟练掌握绘制传统运动引导层动画的基本方法。

项 目 引 导

1. 引导线和引导层的概念

引导线主要起到轨迹路径或辅助线的作用。它使物体沿着引导线路径运行，运动对象的关键帧必须完全吸附在轨迹上。引导线在最终生成的动画文件中是不可见的，如图 6-0-1 所示。

引导线可使用钢笔、铅笔、线条、椭圆、矩形、刷子等绘制，且必须在引导层制作中。而需要使用引导线作为运动路径的对象的所在层，即被引导层，必须在引导层的下方。一个引导层可以为多个图层提供运动路径，同时一个引导层中可以有多条运动路径。

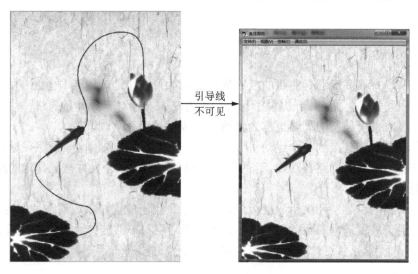

图 6-0-1　引导路径动画及输出效果

2. 引导层的分类

引导层分为普通引导层和运动引导层两种方式，在 Flash CS6 的版本中分别称为"普通引导层"和"传统运动引导层"，如图 6-0-2 所示。

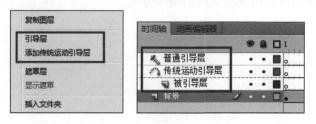

图 6-0-2　引导层的分类

（1）普通引导层

以直尺图标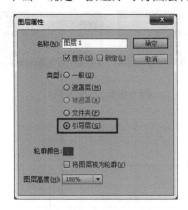表示，在绘制图形时，普通引导层起到辅助静态对象定位的作用，无须使用被引导层，可单独使用，与辅助线功能相同，可以帮助在绘画时对齐对象，且层上的内容不会被输出。

（2）传统运动引导层

一个最基本的引导层动画由两个图层组成，上面一层是"引导层"，以弧线图标表示，就是为被引导层绘制运动的路径，在制作动画时起到引导运动路径的作用，用于控制动作补间动画中对象的移动情况。下面一层是"被引导层"，图标同普通图层一样。

3．引导层的创建方法

1）右击普通图层选择"引导层"，即可将普通图层转化为传统普通引导层，图层名称前面的图标变成，图层显示效果如图 6-0-2 所示。

2）右击普通图层，在弹出的快捷菜单中选择"属性"命令，在弹出的"图层属性"对话框中点选"引导层"单选按钮，单击"确定"按钮亦可将图层转化为引导层，如图 6-0-3 所示。

图 6-0-3　创建引导层

3）右击普通图层，在弹出的快捷菜单中选择"添加传统运动引导层"命令，即可为普通图层添加一个引导层，此时"时间轴"面板上有两个图层，图标为的为"引导层"，位于引导层下方的普通图层即为"被引导层"，如图 6-0-4 所示。

4）用鼠标将图标为的引导层下方的普通引导层拖动到该引导层右下方，引导层图标将变成，即使普通引导层变为传统运动引导层，此时被拖动到右下方的普通图层则为被引导层，如图 6-0-5 所示。

4．引导层路径制作技巧

1）物体要沿着如图 6-0-4 所示的八字圈路径运动，则引导层中的路径不能闭合，必须有一个小缺口，然后将传统补间动画两个关键帧中的物体元件分别对齐到缺口的两端，否则动画将无法完成。

2）引导路径必须单一，当有多个交叉路口出现时，物体元件无法自行做出判断，引导动画将无法完成，如图 6-0-5 所示，小球从 A 点移动到 B 点有多条路径可以选择，此时小球并不能自行判断按路径行走，引导动画制作不成功。

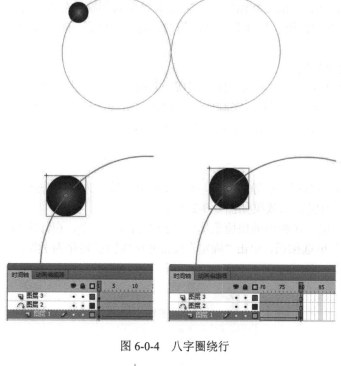

图 6-0-4　八字圈绕行

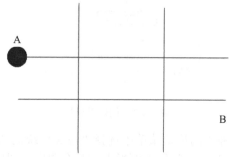

图 6-0-5　路径不单一

任务 6.1　运用普通引导层绘制动画——纸飞机动画

■任务目的

本任务的主要目的是掌握普通引导层和传统运动引导层的创建和使用方法。

任务分析

"纸飞机动画"实现的是纸飞机沿路径缓缓下降停落到纸面的动画效果，如图 6-1-1 所示。此处的纸飞机及其投影的运动路径为曲线，可判断为引导层动画，运用传统运动引导层进行制作。同时"纸飞机动画"文字的定位还可借助普通引导层绘制辅助线来确保排列得当。

图 6-1-1　"纸飞机动画"效果预览

纸飞机动画

任务实施

操作要求：标题文字位置排列整齐，纸飞机动画制作要符合运动规律，移动要流畅。

技能点拨：

1）使用普通引导层绘制辅助线，定位标题文字。

2）使用传统运动引导层制作纸飞机及其投影动画效果。

3）运用滤镜投影和模糊效果制作纸飞机投影。

01　打开素材文件。打开"素材与源文件\项目 6\任务 6.1\素材\素材.fla"文件，设置舞台大小为 700×400 像素，并按【Ctrl+S】组合键，将文件保存为"纸飞机动画.fla"。

02　创建影片剪辑元件。单击"库"面板下方的"新建元件"按钮，在弹出的对话框中进行设置，如图 6-1-2 所示。然后将"库"面板中的"纸飞机"位图拖到舞台中，并使用"对齐"面板进行居中对齐，如图 6-1-3 所示。

图 6-1-2　新建影片剪辑元件

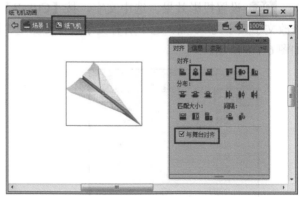

图 6-1-3　导入位图并调整位置

03　创建"背景"图层。单击"场景 1"链接返回，选择"时间轴"面板中的图层，将其重命名为"背景"，将"库"面板中"背景.jpg"图拖动到场景中，设置其 X、Y 坐标均为 0，如图 6-1-4 所示。然后在第 150 帧处右击，在弹出的快捷菜单中选择"插入帧"命令，效果如图 6-1-5 所示。

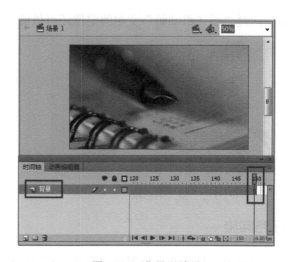

图 6-1-4　设置背景图片位置　　　　　　　　图 6-1-5　背景层效果

04 输入标题。单击"新建元件"按钮，新建图层，命名为"标题"，使用文本工具 T 【T】输入"纸飞机动画"文字，并按图 6-1-6 进行设置。

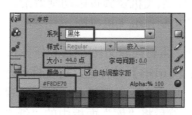

图 6-1-6　"字符"设置

05 设置投影效果。选中文字，按【Ctrl+B】组合键分离一次，然后选中"纸"字，修改文字大小为 96 点。选中所有文字，设置滤镜"投影"效果，如图 6-1-7 所示。具体效果如图 6-1-8 所示。

图 6-1-7　投影滤镜　　　　　　　　　　　图 6-1-8　文字效果

06 设置辅助线。单击"新建元件"按钮，新建图层，命名为"辅助线"，右击图层，在弹出的快捷菜单中选择"引导层"命令，如图 6-1-9 所示。然后在该层上利用线条工具 【N】绘制如图 6-1-10 所示的线条，并调整好相应位置。

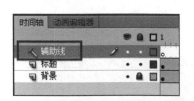

图 6-1-9　创建引导层　　　　　　　　　图 6-1-10　绘制辅助线

07 移动文字位置。根据辅助线位置，使用选择工具 ▶【V】移动标题文字到舞台相应位置，如图 6-1-11 所示。

08 将"库"面板中的"纸飞机"影片剪辑元件拖放至场景中，设置缩放 25%、旋转 -45°，将其放置在如图 6-1-12 所示的位置上。

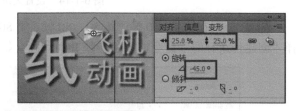

图 6-1-11　移动文字位置　　　　　　　　图 6-1-12　设置纸飞机元件

09 新建图层"纸飞机"，将"库"面板中的"纸飞机"影片剪辑元件拖放至场景中。选中该图层，右击，在弹出的快捷菜单中选择"添加传统运动引导层"命令，并在新建的引导层中使用钢笔工具 ◊【P】绘制路径，如图 6-1-13 所示。

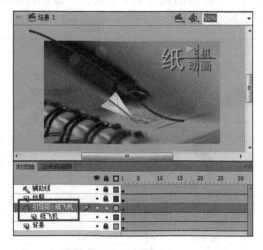

图 6-1-13　绘制引导层

10 制作纸飞机降落动画。分别在第 1 帧、第 50 帧、第 80 帧、第 120 帧处插入关键帧，调整"纸飞机"元件的位置和旋转角度，元件中心点必须贴合到引导线上，如图 6-1-14 所示。

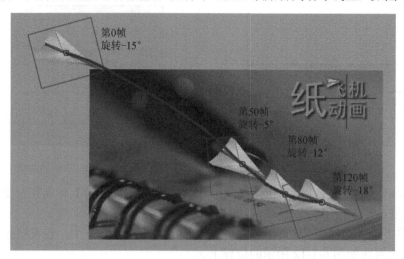

图 6-1-14　设置关键帧及元件

11 分别在第 1～50 帧、第 50～80 帧、第 80～120 帧处右击，在弹出的快捷菜单中选择"创建传统补间"命令，创建传统补间动画，如图 6-1-15 所示。

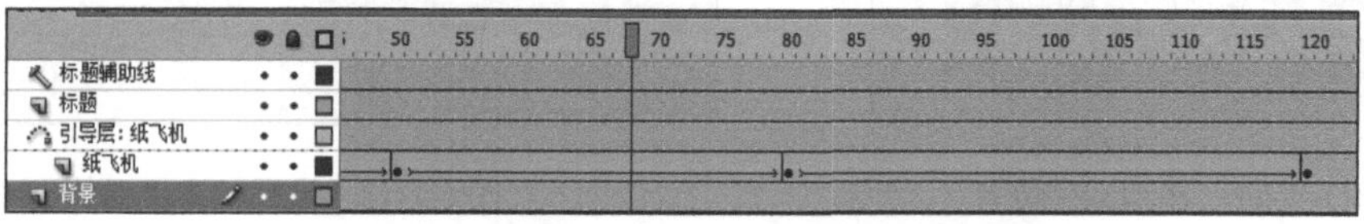

图 6-1-15　设置"纸飞机"层传统补间动画

12 新建图层，命名为"投影"，并将"纸飞机"影片剪辑元件从"库"面板中拖放至舞台中。选中该图层，右击，在弹出的快捷菜单中选择"添加传统运动引导层"命令，并在新建的引导层中使用钢笔工具 ◊【P】绘制路径，如图 6-1-16 所示。

图 6-1-16　绘制投影引导线

小　贴　士

纸飞机投影效果的制作。

选择"纸飞机"影片剪辑元件，设置"投影"滤镜效果，参数设置及效果如图 6-1-17 所示。

图 6-1-17　设置投影效果

13　制作投影动画。分别在第 1 帧、第 50 帧、第 80 帧、第 120 帧处插入关键帧，调整"纸飞机"元件的位置和旋转角度，元件中心点必须贴合到引导线上，如图 6-1-18 所示。

图 6-1-18　设置关键帧及元件

14　分别在第 1～50 帧、第 50～80 帧、第 80～120 帧处右击，在弹出的快捷菜单中选择"创建传统补间"命令，创建传统补间动画，如图 6-1-19 所示。

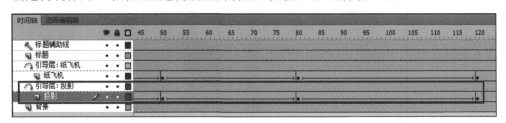

图 6-1-19　设置"投影"层传统补间动画

15　测试并保存文件。按【Ctrl+Enter】组合键进行测试，然后按【Ctrl+S】组合键保存文件。效果如图 6-1-20 所示。

图 6-1-20　纸飞机动画效果

实践探索

运用实例中所学的方法，制作树叶飘落动画，效果如图 6-1-21 所示。

1）旋转动画的制作（顺时针旋转一次）。

2）引导层的创建和运用（引导线用铅笔工具绘制，设置笔触颜色为黑色，笔触高度为 5，样式为实线，铅笔模式为平滑）。

图 6-1-21　飘落的树叶

小 贴 士

影片剪辑元件"旋转的落叶"的制作如图 6-1-22 所示，切记在"属性"面板上设置相应的旋转效果。总体效果如图 6-1-23 所示，注意设置树叶的不同飘落路径。

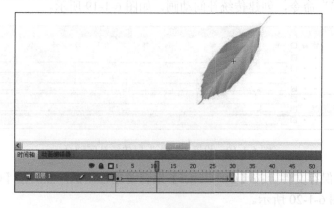

图 6-1-22　旋转的落叶

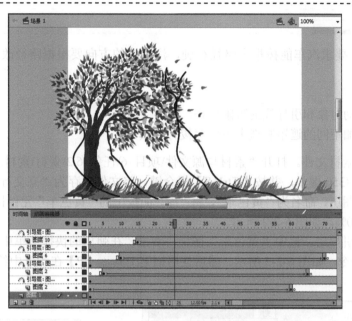

图 6-1-23 总体效果

任务 6.2 巩固引导层使用技巧——立交行车

任务目的

本任务的目的是巩固传统运动引导层的使用，利用"调整到路径"选项使动画更加逼真、形象。

任务分析

本任务完成的是两只小车沿立交桥路径行驶的动画效果，如图 6-2-1 所示。此处要注意拐弯的时候车的方向要根据路径而改变，做到形象、逼真，可使用"调整到路径"选项。而小车在立交桥上行驶的过程中又需要通过添加不同的遮罩来营造上下层穿梭的感觉。

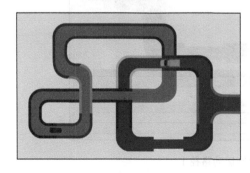

图 6-2-1 "立交行车"动画效果预览

立交行车

─ 任务实施 ─

操作要求：要求汽车能按指定路径行驶，注意车的方向要根据路径改变，做到形象、逼真。

技能点拨：

1）注意运动对象和引导线的吸附操作。

2）注意添加不同的遮罩制造上下层穿梭行驶效果。

01 打开素材文件。打开"素材与源文件\项目 6\任务 6.2\素材\素材.fla"文件，设置舞台大小为 550×350 像素，并按【Ctrl+S】组合键，将文件另存为"立交行车.fla"。

02 新建图层，命名为"黄色车"，将"库"面板中的"黄色车"元件拖到舞台场景中，并调整缩放为 80%，如图 6-2-2 所示。

03 创建引导层。选中"黄色车"图层，右击，在弹出的快捷菜单中选择"添加传统运动引导层"命令，如图 6-2-3 所示。然后使用钢笔工具 **.**【P】在场景中绘制如图 6-2-4 所示的路径。

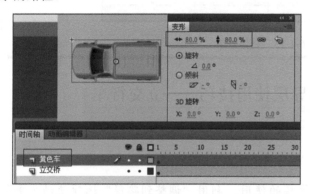

图 6-2-2 设置黄色车元件

图 6-2-3 添加传统运动引导层

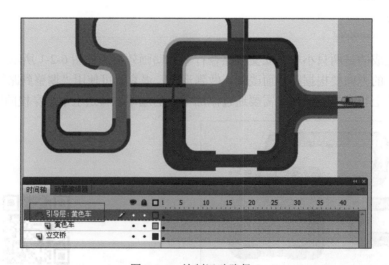

图 6-2-4 绘制运动路径 1

04 创建被引导层。选择"黄色车"图层的第 1 帧，调整"黄色车"元件的位置，如图 6-2-5 所示，使其中心点贴紧到路径的一端，再选择第 90 帧，插入关键帧，设置旋转 180°，并调整元件位置，如图 6-2-6 所示。

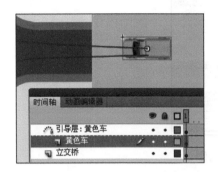

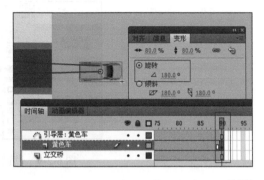

图 6-2-5　第 1 帧元件位置　　　　　　　　　图 6-2-6　第 90 帧元件位置

05 在第 1～90 帧处右击，在弹出的快捷菜单中选择"创建传统补间"命令，创建传统补间动画，并在"属性"面板中勾选"调整到路径"复选框，如图 6-2-7 所示。

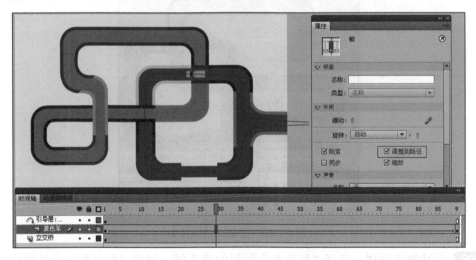

图 6-2-7　创建动画并设置属性

小 贴 士

元件自动吸附到引导路径的技巧如下。

1）选择元件，在工具箱中单击"贴紧至对象"按钮。

2）使用选择工具 ▶【V】拖动元件到路径附近，元件将会自动吸附到路径上，效果如图 6-2-8 所示。

图 6-2-8　自动吸附到路径上

---

06 新建图层，命名为"红色车"，将"库"面板中的"红色车"元件拖到舞台场景中，并调整缩放为 70%，旋转-90°，如图 6-2-9 所示。

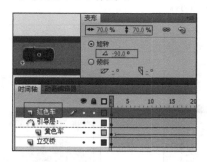

图 6-2-9　设置红色车元件

07 创建引导层。选中"红色车"图层，右击，在弹出的快捷菜单中选择"添加传统运动引导层"命令，然后使用钢笔工具 **【P】** 在场景中绘制如图 6-2-10 所示的路径。

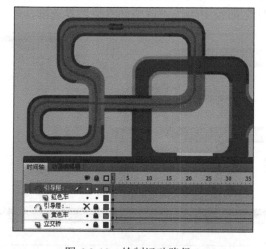

图 6-2-10　绘制运动路径 2

08 创建被引导层。选择"红色车"图层的第 1 帧，调整"红色车"元件的位置，如图 6-2-11 所示，使其中心点贴紧至路径的一端，再选择第 90 帧，插入关键帧，并调整元件位置，如图 6-2-12 所示。

图 6-2-11　第 1 帧元件位置

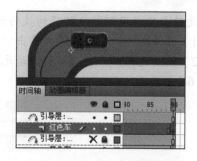

图 6-2-12　第 90 帧元件位置

09 在第 1～90 帧处右击，在弹出的快捷菜单中选择"创建传统补间"命令，创建传统补间动画，并在"属性"面板中勾选"调整到路径"复选框，如图 6-2-13 所示。

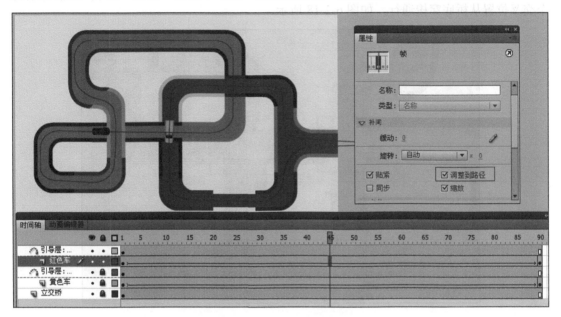

图 6-2-13 创建动画并设置属性

> **小贴士**
>
> "调整到路径"选项作用。
> 在"属性"面板上，勾选"调整到路径"复选框，对象的基线就会调整到运动路径。这样可以使元件沿着引导线自动调整运动方向。如图 6-2-14 中的红色车，车头沿路径自动调整方向，动画更逼真、形象。
>
>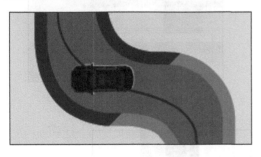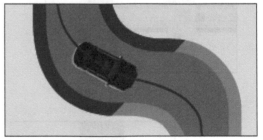
>
> 图 6-2-14 设置复选框前后效果对比

10 新建图层，命名为"遮罩"，在第 30 帧处插入关键帧，并将"库"面板中的"蓝遮罩"和"绿遮罩"元件拖放至舞台相应位置，如图 6-2-15 所示。这样可制造车辆行驶到该处时从立交桥下穿梭而过的效果，如图 6-2-16 所示。

11 同理，在第 50 帧处插入空白关键帧，并将"库"面板中的"红遮罩"元件拖放至舞台相应位置，如图 6-2-17 所示。这样可确保红色车在第一个交叉位置从桥上行驶，在第二个交叉位置从桥底穿梭通行，如图 6-2-18 所示。

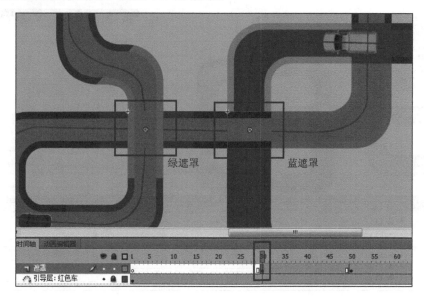

图 6-2-15　添加遮罩元件

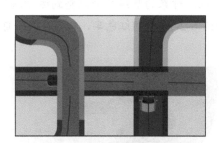

图 6-2-16　车辆从桥底穿梭而过

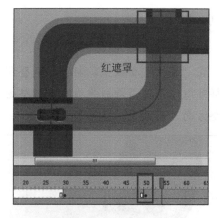

图 6-2-17　添加红遮罩

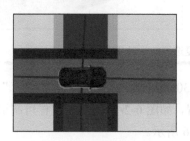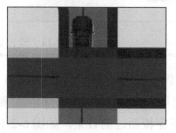

图 6-2-18　桥上桥下行驶效果

12　测试并保存文件。按【Ctrl+Enter】组合键进行测试，然后按【Ctrl+S】组合键保存文件。动画效果如图 6-2-19 所示。

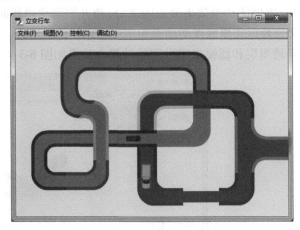

图 6-2-19　"立交行车"动画效果

实践探索

制作"行星绕行"动画，使太阳系八大行星围绕太阳旋转，效果如图 6-2-20 所示。其中，八大行星各自按照自己的椭圆形轨道绕太阳旋转，当到达最远端时，大小和透明度设置为30%；到较近处，大小和透明度设置为70%；到最近处，大小和透明度设置为100%。

图 6-2-20　行星绕行

任务 6.3　实战演练——绘制鱼儿水中游

■ 任务目的

本任务的主要目的是巩固常用绘图编辑工具的使用方法，掌握传统运动引导层的设置与使用方法，以及滤镜效果和补间动画的制作方法。

任务分析

通过观察动画可知，本例的动画效果分成两部分：鱼儿游动动画和前景及荷叶摆动动画。其中，鱼儿游动动画又分为鱼儿原地摆动动画和水中沿路径游动动画。同时，为了凸显水墨效果，还运用了白色半透明层和滤镜来实现朦胧效果，效果如图 6-3-1 所示。

绘制鱼儿水中游

图 6-3-1　"鱼儿水中游"动画效果

任务实施

操作要求：要求能制作出鱼儿沿指定路径在水中游动的水墨动画效果，以及荷叶随风摆动的朦胧水墨动画效果。

技能点拨：

1）创建影片剪辑元件，先制作鱼原地摆动的动画。

2）制作鱼的引导层动画，使鱼沿路径方向游动。

3）制作前景时，在舞台上加上一层白色半透明层，使画面具有朦胧效果。

4）制作荷叶时，将荷叶分为茎、叶、脉 3 层制作。

5）为了凸显水墨效果，给荷叶加上具有朦胧感的滤镜效果。

01　在"新建文档"对话框中，选择"ActionScript 3.0"选项，单击"确定"按钮，按【Ctrl+S】组合键，将文件保存为"鱼儿水中游.fla"。

02　创建影片剪辑元件，命名为"鱼儿"，在元件中进行编辑。

03　将"时间轴"面板上的"图层 1"重命名为"鱼的身体"，先用钢笔工具 ◊.【P】绘制鱼的身体轮廓线，填充红色后删除边线，如图 6-3-2 所示。

04　在"鱼的身体"图层下方新建图层，命名为"鱼鳍"，用相同方法绘制鱼鳍，然后选中鱼鳍，设置不透明度为 60%，如图 6-3-3 所示。

图 6-3-2　鱼的身体　　　　　　　　　　　　图 6-3-3　绘制鱼鳍

05 新建图层，命名为"鱼眼和背鳍"，用深红色的刷子工具 ✐【B】绘制鱼眼和鱼鳍，如图 6-3-4 所示。

06 选中 3 个图层的第 4 帧，按【F6】键，插入关键帧。

07 同理，分别在第 7 帧和第 10 帧处插入关键帧，在第 12 帧处插入普通帧，如图 6-3-5 所示。

图 6-3-4　绘制鱼眼和背鳍　　　　　　　图 6-3-5　插入相应关键帧

08 调整其他 3 个关键帧中的动作，绘制效果如图 6-3-6 所示。

第 4 帧　　　　　　　　　第 7 帧　　　　　　　　第 10 帧

图 6-3-6　调整关键帧中的动作

09 单击"场景 1"链接，回到"场景 1"舞台，将"时间轴"面板上"图层 1"重命名为"鱼 1"，并将"鱼儿"元件拖放至舞台，调整缩放比例，如图 6-3-7 所示。

10 在第 200 帧处插入关键帧，在第 240 帧处插入普通帧。

11 选中"鱼 1"图层，右击，在弹出的快捷菜单中选择"添加传统运动引导层"命令，如图 6-3-8 所示。

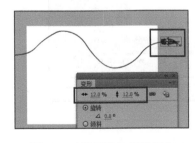

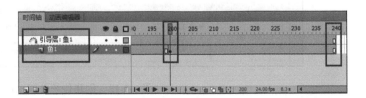

图 6-3-7　放置元件于场景中　　　　　　图 6-3-8　添加引导层、插入关键帧

12 在新建的"引导层:鱼 1"图层中,使用铅笔工具 ✐【Y】,在舞台上绘制一条曲线,设置铅笔模式为"平滑",如图 6-3-9 所示。

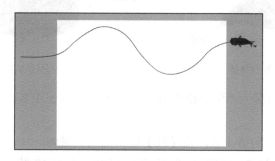

图 6-3-9 绘制鱼儿游动的"引导路径"

13 选中"鱼 1"图层的第 1 帧,将鱼的中心点对齐放到引导线起点上,如图 6-3-10 所示。

14 选中"鱼 1"图层的第 200 帧,将鱼的中心点对齐放到引导线终点上,如图 6-3-11 所示。

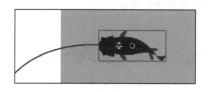

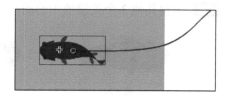

图 6-3-10 将中心点对齐到路径起点　　　　图 6-3-11 将中心点对齐到路径终点

15 在第 1～200 帧创建传统补间动画,如图 6-3-12 所示。

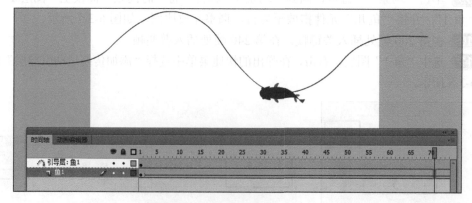

图 6-3-12 创建传统补间动画

16 按【Enter】键,预览动画效果,发现"鱼儿"并没有根据曲线路径的方向跟着转弯，动作效果不自然。为了使"鱼儿"游动更加符合实际运动情况，可在"属性"面板上勾选"调整到路径"复选框，系统将自动调整"鱼儿"的游动角度，使得运动更加自然，如图 6-3-13 所示。

17 新建图层，命名为"鱼 2"，选中第 40 帧将"鱼儿"元件拖放至舞台，调整大小和方向，然后在第 240 帧处插入关键帧，如图 6-3-14 所示。

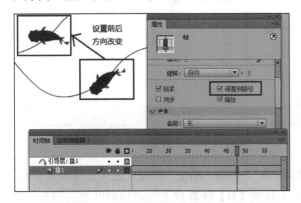

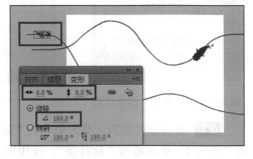

图 6-3-13　调整到路径　　　　　　　　　图 6-3-14　放置元件于场景中

18 其他操作参考步骤 **11** ～步骤 **16**，效果如图 6-3-15 所示。

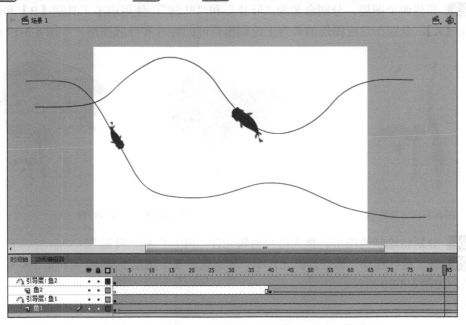

图 6-3-15　鱼儿游动画效果

19 新建图层，命名为"前景"。

20 在场景舞台上利用矩形工具 **□**【K】绘制一个无笔触的白色矩形，选中矩形，在"颜色"面板上选中填充色，设置填充类型为径向渐变，接着修改渐变色块，如图 6-3-16 和图 6-3-17 所示。绘制好后，在第 240 帧处插入普通帧。

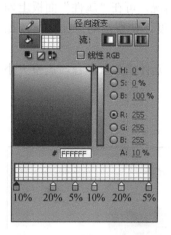

图 6-3-16　"颜色"面板设置

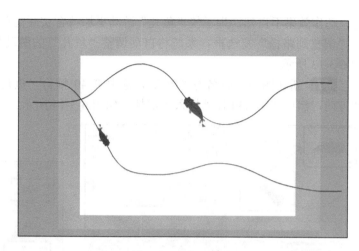

图 6-3-17　矩形效果

21　新建影片剪辑元件，命名为"荷叶摆动"。单击"确定"按钮，进入元件编辑界面。将"图层 1"重命名为"荷叶茎"。使用刷子工具 🖌【B】在舞台上绘制出荷叶茎的图形，如图 6-3-18 所示。

22　选中绘制的图形，按【F8】键，将其转换为影片剪辑元件，命名为"荷叶茎"。

23　新建两个图层，分别命名为"叶片"和"叶脉"。使用刷子工具 🖌【B】和颜料桶工具 🪣【K】，分别在对应图层的舞台上绘制出荷叶的叶片和叶脉图形，如图 6-3-19 所示。

图 6-3-18　荷叶茎

图 6-3-19　叶片与叶脉

24　分别将绘制的图形转换为影片剪辑元件"叶片"和"叶脉"。

25　在"荷叶摆动"影片剪辑元件中，分别选中 3 个图层的第 50 帧和第 100 帧，插入关键帧，如图 6-3-20 所示。

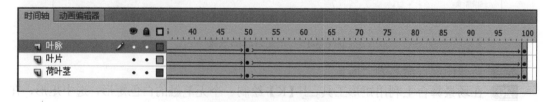

图 6-3-20　插入关键帧

26　选择第 50 帧，选中舞台上的 3 个影片剪辑元件，使用任意变形工具 ▦【Q】调整中心点位置如图 6-3-21 所示，而后旋转角度，并在"属性"面板上添加模糊滤镜，如图 6-3-22 所示。

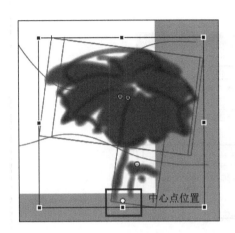

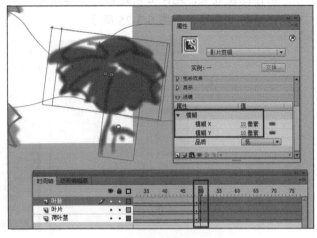

图 6-3-21　调整荷叶角度　　　　图 6-3-22　设置模糊滤镜效果

27　同理，在第 1 帧和第 100 帧处添加模糊滤镜，如图 6-3-23 所示。

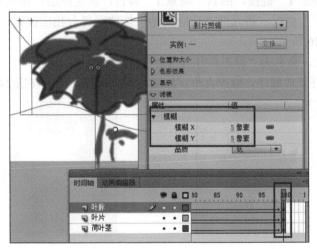

图 6-3-23　设置模糊滤镜效果

28　分别在 3 个图层的第 1～50 帧、第 50～100 帧创建传统补间动画，如图 6-3-24 所示。

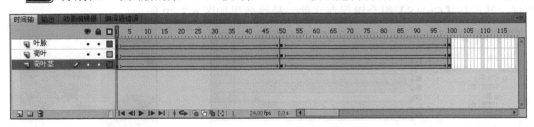

图 6-3-24　"时间轴"面板效果

小 贴 士

制作滤镜效果，元件必须是影片剪辑或文本。如果只是图形元件，在"属性"面板中不能设置滤镜属性，如图 6-3-25 所示。

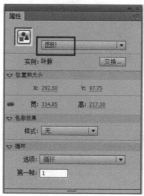 

图 6-3-25　图形元件不能设置滤镜效果

29 单击"场景 1"链接，回到"场景 1"舞台，新建图层，命名为"荷叶摆动"。

30 打开"库"面板，将元件"荷叶摆动"拖放至舞台相应位置，在第 240 帧处插入普通帧，如图 6-3-26 所示。

31 新建图层，命名为"静态荷叶"。将"库"面板中的"叶片""叶脉"元件拖放至舞台相应位置，调整好叠放顺序，修改大小，如图 6-3-27 所示。而后在第 240 帧处插入普通帧。

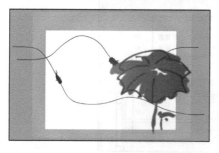 

图 6-3-26　放置荷叶摆动元件　　　　　　　　　　图 6-3-27　荷叶摆放位置

32 测试并保存文件。时间轴图层效果如图 6-3-28 所示，按【Ctrl+Enter】组合键进行测试，然后按【Ctrl+S】组合键保存文件，最终效果如图 6-3-29 所示。

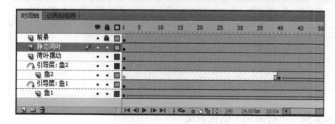 

图 6-3-28　"时间轴"面板　　　　　　　　　　图 6-3-29　最终效果

实践探索

运用本项目所学的知识技能，制作"投篮"动画，效果如图 6-3-30 所示。篮球在空中滚动着飞向篮球架，撞到篮板后反弹到篮筐中，在篮筐中碰撞一次后跌落到地上，碰到地面后反弹，再跌落……最后滚动出场景。

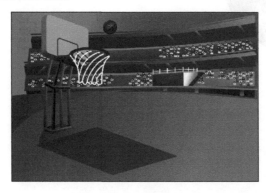

图 6-3-30　"投篮"动画

1）篮球飞向篮球架的时候，飞行路线是抛物状，可用引导层动画制作。

2）篮球的运动有一个速度上的变化，可利用缓冲属性来进行设置。

小 贴 士

该任务中包含 4 种学习过的动画效果，用旋转动画来制作篮球的滚动，如图 6-3-31 所示。用引导层动画来制作抛物线运动，用补间直线运动动画来制作篮球进篮筐且碰撞篮筐，用缓动动画来制作篮球的弹跳运动，如图 6-3-32 所示。

图 6-3-31　"旋转"属性设置

图 6-3-32　"缓动"属性设置

项目 7

遮 罩 动 画

　　遮罩动画是 Flash 中的一个很重要的动画类型，很多效果丰富的动画都是通过遮罩动画来完成的。在 Flash 的图层中有一个遮罩图层类型，为了得到特殊的显示效果，可以在遮罩层上创建一个任意形状的"视窗"，遮罩层下方的对象可以通过该"视窗"显示出来，而"视窗"之外的对象将不会显示，即遮罩就是透过遮罩层中的对象看到"被遮罩层"中的对象及其属性。如果将遮罩层比作聚光灯，那么当遮罩层移动时，它下面被遮罩的对象就像被灯光照射一样，光照到的地方就是亮的，清晰可见，而没有被照到的部分就是不可见的。

　　本项目围绕常见遮罩效果展开，通过学习制作万花筒动画、卷轴动画、花儿生长动画、汽车广告等实例，了解遮罩层的基本功能，熟练掌握创建遮罩层、关联和取消遮罩层的方法，并能将其运用到广告、MTV、动画特效制作等方面。

学习目标

　　了解创建遮罩动画的基本原理。

　　掌握创建静态、动态、逐帧等类型遮罩动画的方法。

　　学会运用遮罩动画制作简单的 Flash 广告。

1. 遮罩原理

遮罩层的基本原理是能够透过该图层中的对象看到被遮罩层中的对象及其属性（包括它们的变形效果）。可将遮罩层中有对象的地方想象成"透明"的，透过"透明"的地方看到被遮罩层中相应位置上的对象内容。

遮罩效果的实现至少需要两层，即"遮罩层在上，提供形状；被遮罩层在下，提供内容"，如图 7-0-1 和图 7-0-2 所示，"甜点"图片为被遮罩层，"心形"为遮罩层。遮罩效果如图 7-0-3 所示。

图 7-0-1　被遮罩层　　　　　图 7-0-2　"心形"遮罩层　　　　　图 7-0-3　遮罩效果

同时还要注意，遮罩层中的对象在播放时是看不到的，遮罩层中的内容可以是按钮、影片剪辑、图形、位图、文字等，但不能使用线条，如果一定要用线条，可通过"将线条转化为填充"选项，将笔触设为填充。遮罩层对象中的许多属性如渐变色、透明度、颜色和线条样式等是被忽略的。例如，我们不能通过遮罩层的渐变色来实现被遮罩层的渐变色变化。而被遮罩层中的对象只能透过遮罩层中的对象被看到。在被遮罩层，可以使用按钮、影片剪辑、图形、位图、文字、线条。

另外，可以在遮罩层、被遮罩层中分别或同时使用形状补间动画、动作补间动画、引导层动画等动画手段，从而使遮罩动画变成一个可以施展无限想象力的创作空间。

2. 遮罩层的创建

1）新建一个图层，并制作一个填充图形、文字或元件的实例。

2）在需要转换为遮罩层的图层名称上右击，在弹出的快捷菜单中选择"遮罩层"命令，将它转换为遮罩层，如图 7-0-4 所示。图标■表示该层为遮罩层，图标■表示该层为被遮罩层。

3）在制作过程中，若想在场景中显示遮罩效果，必须锁定遮罩层和被遮罩层。

3. 动态遮罩

根据遮罩层中对象的运动状态，可将遮罩动画分为静态遮罩、动态遮罩和逐帧遮罩。任务 7.1 中"万花筒"的"三角遮罩"中，遮罩层中的三角形对象不运动，即遮罩后看到的形状不变化，称为静态遮罩，而被遮罩层可运动也可不运动。

动态遮罩则指遮罩层中的对象可运动，即遮罩后看到的形状、大小、位置等发生变化。如图 7-0-5 所示，许多动画片的结尾部分，镜头逐渐缩小到中间的甜点上，然后出现结束画面。一个遮罩层可以同时遮罩几个图层，从而产生各种特殊效果。

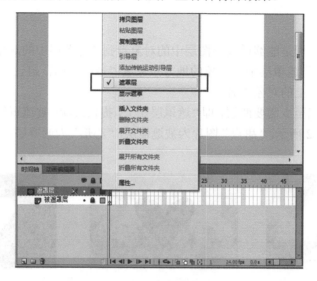

图 7-0-4　创建遮罩层

图 7-0-5　动态遮罩

任务 7.1　运用静态遮罩绘制动画——万花筒动画

■任务目的

本任务的主要目的是通过制作绚丽逼真的万花筒效果，了解静态遮罩动画的创建和使用方法。

任务分析

万花筒效果如图 7-1-1 所示。多边形的万花筒可由三角形利用"变形"面板属性制作而成，而三角形则是使用静态遮罩来制造绚丽逼真的图案变化效果。

图 7-1-1　万花筒效果预览

万花筒动画

任务实施

操作要求：要求制作出绚丽逼真的万花筒效果。

技能点拨：先创建静态遮罩"三角形"，然后利用"变形"面板设置万花筒效果。

01 打开素材文件。打开"素材与源文件\项目 7\任务 7.1\素材\万花筒素材.fla"文件，并按【Ctrl+S】组合键，将文件保存为"万花筒动画.fla"。

02 创建图形元件。单击"库"面板下面的"新建元件"按钮，弹出"创建新元件"对话框，新建图形元件，命名为"图 1"，然后将"库"面板中的位图 1 拖放到场景中，调整大小，并使其居中。用相同的方法，分别为其他两张位图创建图形元件"图 2"和"图 3"，如图 7-1-2 所示。

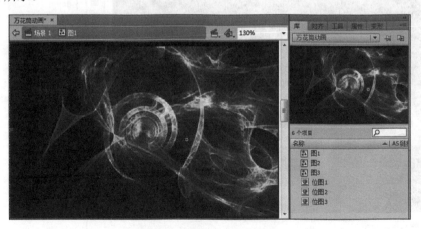
图 7-1-2　新建 3 个图形元件

03 绘制遮罩层图形。单击"新建元件"按钮，弹出"创建新元件"对话框，新建影片剪辑元件，命名为"三角遮罩"。然后在"图层 1"中利用多角星形工具绘制一个三角形，并在第 60 帧处插入普通版，如图 7-1-3 所示。

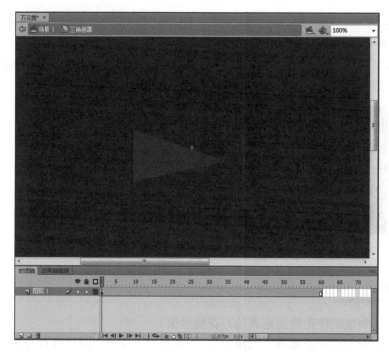

图 7-1-3　新建"三角遮罩"影片剪辑元件

04　制作被遮罩层动画。新建"图层 2"，然后将"图 1"元件拖放至"图层 2"中相应位置，然后在第 20 帧处插入关键帧，在第 1～20 帧创建传统补间动画，并在"属性"面板中设置顺时针旋转，如图 7-1-4 所示。

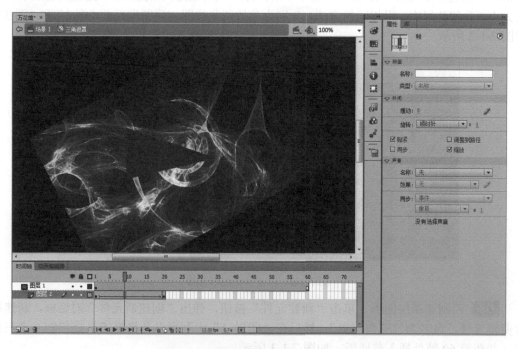

图 7-1-4　创建图 1 元件的传统补间动画

05 在第 21 帧处插入空白关键帧，将"图 2"元件拖放至"图层 2"中相应位置，然后在第 40 帧处插入关键帧，在第 21~40 帧创建传统补间动画，并在"属性"面板中设置顺时针旋转。同理，在第 41 帧处插入空白关键帧，将"图 3"元件拖放至"图层 2"中相应位置，然后在第 60 帧处插入关键帧，在第 41~60 帧创建传统补间动画，并在"属性"面板中设置顺时针旋转，如图 7-1-5 所示。

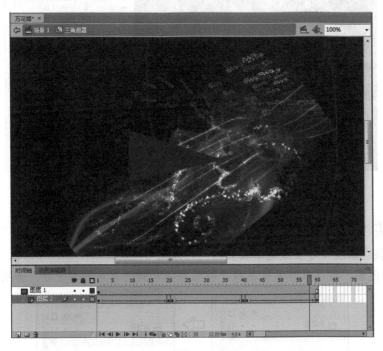

图 7-1-5　创建图 2、图 3 元件的传统补间动画

06 选中"图层 2"，右击，在弹出的快捷菜单中选择"遮罩层"命令，设置遮罩效果，如图 7-1-6 所示。

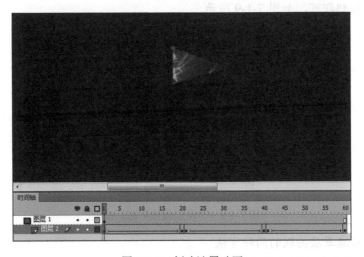

图 7-1-6　创建遮罩动画

07 制作万花筒效果。单击"场景 1"链接，回到"场景 1"中，然后将"库"面板中的"三角遮罩"元件拖放至舞台，修改元件中心点位置，打开"变形"面板，设置旋转 30°，然后多次单击"重置选区和变形"按钮，设置效果如图 7-1-7 所示。

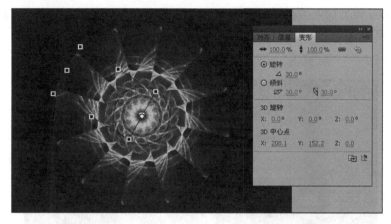

图 7-1-7 设置"变形"面板属性

小 贴 士

（1）关联遮罩层（建立被遮罩层）的两种方法

1）选择图层，按住鼠标左键不放，将图层拖动到遮罩层的右下方，如图 7-1-8 所示。

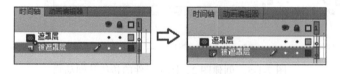

图 7-1-8 关联遮罩层

2）双击图层名称左端的图标，弹出"图层属性"对话框，点选"遮罩层"单选按钮，单击"确定"按钮即可，如图 7-1-9 所示。

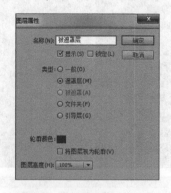

图 7-1-9 "图层属性"对话框

（2）取消与遮罩层关联的两种方法

1）将被遮罩层拖动到遮罩层的左下方，如图 7-1-10 所示。

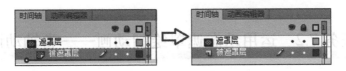

图 7-1-10　取消遮罩关联

2）双击图层名称左端的图标，弹出"图层属性"对话框，点选"一般"单选按钮，单击"确定"按钮即可。

08　保存动画，按【Ctrl+Enter】组合键，预览动画效果，如图 7-1-11 所示。

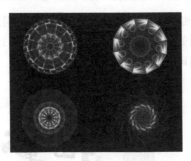

图 7-1-11　"万花筒动画"效果

实践探索

运用实例所学的静态遮罩方法，制作文字遮罩动画，透过文字可以看到下一层中移动的七彩图，效果如图 7-1-12 所示。

1）在遮罩层输入文字，并将文字矢量化（按两次【Ctrl+B】组合键）。

2）被遮罩层为移动的七彩图。

图 7-1-12　文字遮罩

小　贴　士

使用矩形工具、颜料桶工具、线性变形工具等制作七彩图元件，如图 7-1-13 所示。

图 7-1-13　七彩图元件

任务 7.2　运用动态遮罩绘制动画——卷轴动画

任务目的

本任务的主要目的是巩固所学的遮罩层的创建，熟练掌握动态遮罩的制作方法。

任务分析

"卷轴动画"实现的是画轴从左侧缓缓向右打开，出现相应书法字画，停留片刻后，画轴从两侧缓缓向中合起的动画效果，如图 7-2-1 所示。此处书法字的显示和消失可利用遮罩层动画制作，而两侧的卷轴则可用传统补间动画制作。

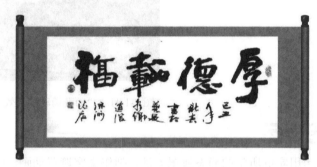

卷轴动画

图 7-2-1　"卷轴动画"效果预览

任务实施

操作要求：画轴从左侧缓缓向右打开，出现相应书法字画。停留片刻后，画轴从两侧缓缓向中合起。注意画轴的移动与书法字画的显示与消失要同步。

技能点拨：遮罩层为动态变化，遮罩范围随画轴的右移而逐步变大，而后随着画轴向中间靠拢而逐步变小，需做补间形状动画。

01 新建文档，设置属性如图 7-2-2 所示。

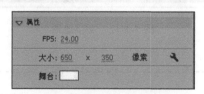

图 7-2-2　属性设置

02 导入素材。导入"素材与源文件\项目 7\任务 7.2\素材"文件夹中的"书法字.png""右卷轴.png""左卷轴.png"图片到舞台中，选中所有图片，在"变形"面板中设置百分比为 60%，如图 7-2-3 所示。然后右击，在弹出的快捷菜单中选择"分散到图层"命令，图层效果如图 7-2-4 所示。

图 7-2-3　缩小比例　　　　　　　　　　　　　图 7-2-4　分散到图层

03　如图 7-2-5 所示，将书法字和左右卷轴放到适当位置。选中"图层 1"，利用矩形工具□【R】，绘制一个与书法字画大小位置一致的矩形，如图 7-2-6 所示。

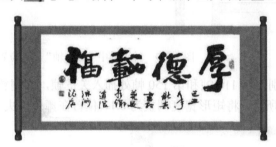

图 7-2-5　图片摆放位置　　　　　　　　　　　图 7-2-6　绘制矩形

04　选中"书法字.png"图层，在第 150 帧处插入普通帧。

05　选中"图层 1"，在第 80 帧处插入关键帧，并将第 1 帧中的矩形调整大小和位置，如图 7-2-7 所示。然后在第 1～80 帧创建形状补间动画。

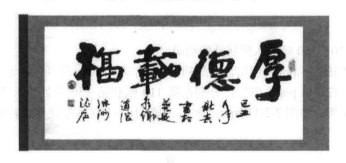

图 7-2-7　第 1 帧中矩形大小和位置

06　选中"图层 1"，右击，在弹出的快捷菜单中选择"遮罩层"命令，遮罩效果如图 7-2-8 所示。

07　选中"右卷轴.png"图层，选中舞台上的右卷轴，右击，在弹出的快捷菜单中选择"转换为元件"命令，将其转换为影片剪辑元件"右卷轴.png"。然后，在第 80 帧处插入关键帧，选中第 1 帧中的右卷轴，调整其位置，如图 7-2-9 所示。接着，在第 1～80 帧插入传统补间动画。

图 7-2-8　遮罩效果　　　　　　　　　　图 7-2-9　第 1 帧中"右卷轴"元件位置

08　选中"图层 1"，先解锁，然后分别在第 110 帧和第 150 帧处插入关键帧，并调整第 150 帧中的矩形大小和位置，如图 7-2-10 所示，将矩形宽度调整为 0.1，位置在舞台中央。

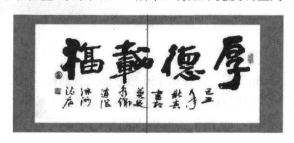

图 7-2-10　第 150 帧中矩形大小与位置

09　在第 110～150 帧插入形状补间动画。

10　选中"书法字.png"图层，先解锁，然后在第 150 帧处插入普通帧。

11　选中"右卷轴.png"图层，分别在第 110 帧和第 150 帧处插入关键帧，并调整第 150 帧处中元件位置，如图 7-2-11 所示。然后在第 110～150 帧创建传统补间动画，在第 160 帧处插入普通帧。

图 7-2-11　第 150 帧中右卷轴元件的位置

12 选择"左卷轴.png"图层，选中舞台上的左卷轴，右击，在弹出的快捷菜单中选择"转换为元件"命令，将其转换为影片剪辑元件。

13 选择"左卷轴.png"图层，分别在第 110 帧和第 150 帧处插入关键帧，并调整第 150 帧中元件位置，如图 7-2-12 所示。然后在第 110~150 帧创建传统补间动画，在第 160 帧处插入普通帧。

图 7-2-12　第 150 帧中左卷轴元件的位置

14 单击"时间轴"面板上的"锁定或解除锁定所有图层"按钮，将所有图层上锁，保存动画，按【Ctrl+Enter】组合键，预览动画效果，如图 7-2-13 所示。

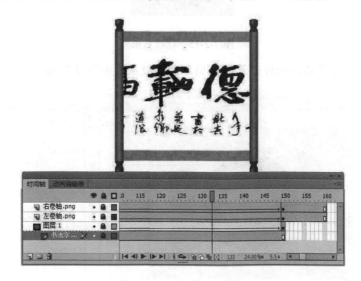

图 7-2-13　卷轴动画效果

实践探索

利用变形动画和动态遮罩的结合完成看似复杂的特效动画"旋转的花纹"，效果如图 7-2-14 所示。

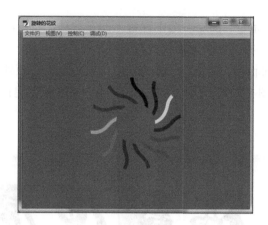

图 7-2-14　旋转的花纹

1）利用钢笔工具、"将线条转换为填充"选项和"变形"面板制作花纹效果，如图 7-2-15 所示。

图 7-2-15　花纹效果

2）利用形状补间动画制作遮罩层的圆环动画效果，如图 7-2-16 所示。

图 7-2-16　形状补间动画制作圆环动画效果

任务 7.3 运用逐帧遮罩绘制动画——花儿生长动画

■ 任务目的

本任务的主要目的是通过花儿生长动画巩固遮罩层的创建，掌握逐帧遮罩的制作方法。

任务分析

通过观察动画可知本任务的动画效果分成两部分，一是花盆的出现动画，可由补间动画制作，二是花朵生长的动画，可使用逐帧遮罩来完成，如图 7-3-1 所示。

图 7-3-1 "花儿生长动画"效果　　　　　　花儿生长动画

任务实施

操作要求：花盆从阴影处上移出现，而后花儿从茎秆、叶片再到花朵缓缓逐帧显现。

技能点拨：

1）花盆的出现使用补间动画，配合透明度变化完成；绘制矩形遮罩，设置显示范围。

2）花朵生长使用逐帧遮罩，遮罩范围根据需要显现的画面内容而逐帧增减范围。

01 打开素材文件。打开"素材与源文件\项目 7\任务 7.3\素材\素材.fla"文件，并按【Ctrl+S】组合键，将文件另存为"花儿生长动画.fla"，并修改文档属性，如图 7-3-2 所示。

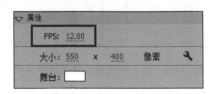

图 7-3-2 文档属性

02 添加背景。选中"图层 1"，重命名为"背景"。将"库"面板中的"背景"元件拖动到舞台中，并在"属性"面板中设置元件的位置和大小，如图 7-3-3 所示。

03 在"背景层"中选中第 120 帧，插入普通帧，然后锁定该图层。

04 添加花盆。新建"图层 2"，重命名为"花盆"。将"库"面板中的"花盆"元件拖放至舞台相应位置，如图 7-3-4 所示。

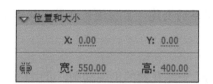

图 7-3-3　元件位置和大小

图 7-3-4　"花盆"元件位置

05 创建花盆出现动画。选中"花盆"图层第 1 帧，右击，在弹出的快捷菜单中选择"创建补间动画"命令。选择第 25 帧，按【F6】键插入关键帧。选中舞台中的花盆，设置"属性"面板中"色彩效果"样式为"Alpha"，并设置其值为"100%"如图 7-3-5 所示。

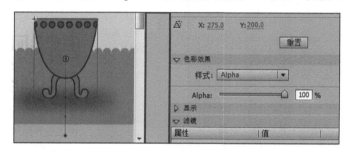

图 7-3-5　第 25 帧花盆元件属性设置

06 单击"花盆"图层的第 1 帧，选中舞台中的花盆，修改花盆位置，并在"属性"面板中设置 Alhpa 值为"0"，如图 7-3-6 所示。

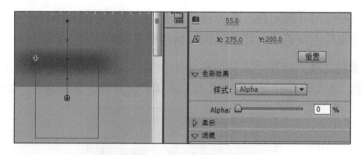

图 7-3-6　第 1 帧花盆元件位置及属性

07 制作矩形遮罩。新建"图层 3"，重命名为"矩形遮罩"。使用矩形工具▣【R】在舞台上绘制矩形，如图 7-3-7 所示。

图 7-3-7　矩形位置与大小

08 选中"矩形遮罩"图层，右击，在弹出的快捷菜单中选择"遮罩层"命令。制作花盆从阴影处上移出现的效果，如图 7-3-8 所示。

图 7-3-8　花盆出现遮罩动画

09 在"背景"图层上新建"图层 4"，重命名为"花儿"。选中第 40 帧，按【F7】键插入空白关键帧，将"库"面板中的"花儿"元件拖放至舞台相应位置，并在"变形"面板上设置比例大小为 120%，如图 7-3-9 所示。

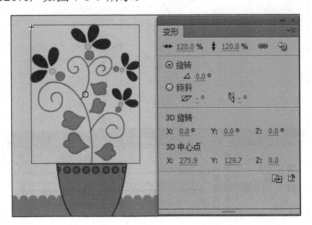

图 7-3-9　第 40 帧"花儿"元件大小与位置

10 在"花儿"图层上新建"图层 5"，重命名为"逐帧遮罩"。选中第 40 帧，按【F7】键插入空白关键帧。使用刷子工具 ✏️【B】，在工具栏中调整合适的刷子大小和刷子形状，然后在第 40～80 帧逐帧进行涂抹，如图 7-3-10 所示。

图 7-3-10　绘制茎秆部分逐帧遮罩

11 选中"逐帧遮罩"图层，右击，在弹出的快捷菜单中选择"遮罩层"命令，创建茎秆部分的遮罩动画，效果如图 7-3-11 所示。

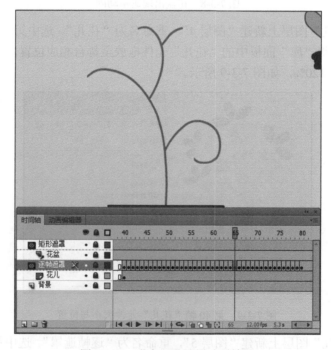

图 7-3-11　茎秆部分遮罩动画效果

12 选中"逐帧遮罩"图层，然后解锁该图层。选中第 85 帧，按【F6】键插入关键帧，继续使用刷子工具 ✏️ 【B】在第 85～98 帧进行叶片部分的逐帧涂抹，如图 7-3-12 所示。

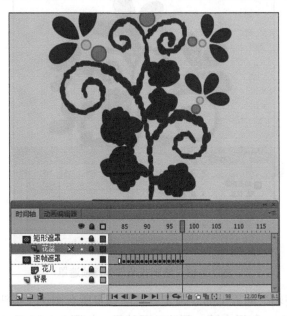

图 7-3-12　绘制叶片部分逐帧遮罩

13 选中"逐帧遮罩"图层，单击 🔒 按钮，锁定图层，即可看到遮罩效果，如图 7-3-13 所示。

图 7-3-13　叶片部分逐帧动画效果

14 选中"逐帧遮罩"图层，单击 🔒 按钮，解锁该图层。选中第 100 帧，按【F6】键插入关键帧，继续使用刷子工具 ✏️ 【B】在第 100～113 帧进行花朵部分的逐帧涂抹，如

图 7-3-14 所示。

图 7-3-14 绘制花朵部分逐帧遮罩

15 单击"时间轴"面板上的"锁定或解除锁定所有图层"按钮，将所有图层上锁，保存动画，按【Ctrl+Enter】组合键，预览动画效果，如图 7-3-15 所示。

图 7-3-15 花儿生长逐帧遮罩

实践探索

运用所学的方法，制作符合客户要求的化妆品广告，效果如图 7-3-16 所示。

设计内容：动画设计——Fresh 化妆品广告。

图 7-3-16　Fresh 化妆品广告

客户要求：动画尺寸 750×450 像素，要求形式活泼典雅，端庄大方，符合年轻人的喜好，为体现化妆品的天然成分，可用草绿色做点缀。

任务 7.4　实战演练——绘制汽车广告

■ **任务目的**

本任务的主要目的是通过汽车广告的制作，巩固所学到的遮罩层的使用方法，熟练掌握动态遮罩综合运用的方法。

任务分析

遮罩技术在 Flash 广告中的应用十分广泛，能够产生绚丽多彩的特殊效果。下面即将制作的实例的前半部分是文字聚光灯效果，开始时，被遮罩的图层是不可见的，只有当遮罩层上的图形移动到被遮罩层的图层上时，该图层上的图形才可见。使用遮罩层可以在被遮罩的图层上产生镂空显示效果，如图 7-4-1 所示。而实例的后半部分则是利用遮罩层制作汽车过光效果，使广告更吸引人的眼球。

图 7-4-1　聚光灯效果预览

绘制汽车广告

—任务实施—

操作要求：聚光灯从左往右移动，逐个显示字母，然后移动到中间放大，显示所有文字效果。而后光线扫过车身，车身反光部分相应出现反光效果。

技能点拨：遮罩层为动态变化的椭圆，椭圆从左往右移动，然后移动到中间放大，需要使用补间形状动画。汽车过光效果中，遮罩层为车身反光部分，被遮罩层为光线动态效果。

01 新建文档，设置文档属性如图 7-4-2 所示。

02 绘制背景。将图层 1 重命名为"camay"，在场景中绘制矩形，大小和位置都与舞台一致，然后在"颜色"面板设置径向渐变，如图 7-4-3 所示，使用颜料桶工具 【K】设置矩形的渐变效果。

图 7-4-2　文档属性

图 7-4-3　矩形渐变效果

03 输入并设置文本。使用文本工具 **T** 【T】在舞台上输入"CAMAY"，选中文字，右击，在弹出的快捷菜单中选择"转换成元件"命令，将其转换为影片剪辑元件"CAMAY"，然后在"属性"面板中设置滤镜投影效果，如图 7-4-4 和图 7-4-5 所示。

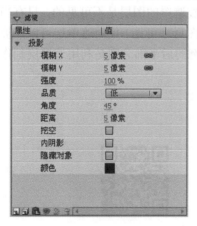

图 7-4-4　滤镜设置

图 7-4-5　文字效果

04 新建"图层 2",使用椭圆工具 ⬭ 【O】在舞台左端中央绘制圆形,如图 7-4-6 所示,然后在第 40 帧插入关键帧,将圆移动到舞台右端中央,如图 7-4-7 所示。接着,在第 1～40 帧创建形状补间动画。

图 7-4-6　第 1 帧椭圆位置　　　　　　　　　　图 7-4-7　第 40 帧椭圆位置

05 在第 55 帧处插入关键帧,将圆移动到相应位置,如图 7-4-8 所示,在第 40～55 帧创建形状补间动画,并在"属性"面板上设置缓动值为 100,如图 7-4-9 所示。

图 7-4-8　第 55 帧椭圆位置　　　　　　　　　　图 7-4-9　设置缓动值

06 在第 60 帧处插入关键帧,将圆移动到相应位置,如图 7-4-10 所示,在第 55～60 帧创建形状补间动画。

07 分别在第 65 帧和第 80 帧处插入关键帧,并将第 80 帧中的圆放大,如图 7-4-11 所示,并在第 65～80 帧创建形状补间动画。

图 7-4-10　第 60 帧椭圆位置　　　　　　　　　图 7-4-11　第 80 帧椭圆放大效果

08 选中"图层 2",右击,在弹出的快捷菜单中选择"遮罩层"命令,遮罩效果如图 7-4-12 所示。

09 设置暗场效果。解锁"camay"图层,在第 81 帧处插入关键帧,选中场景中的矩形和文字,右击,在弹出的快捷菜单中选择"转换为元件"命令,将其转换为影片剪辑元件"混合",然后在第 95 帧处插入关键帧,选中第 95 帧中的元件,设置其不透明度为 0,在第 81~95 帧创建传统补间动画,效果如图 7-4-13 所示。

图 7-4-12　设置遮罩层

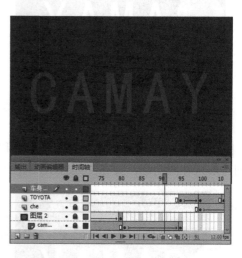

图 7-4-13　暗场效果

10 新建图层,重命名为"TOYOTA"。在第 95 帧处插入关键帧,导入图片"素材与源文件\项目 7\任务 7.4\素材\TOYOTA.png"到舞台,选中图片,右击,在弹出的快捷菜单中选择"转换为元件"命令,将其转换为图形元件"标志",然后调整其位置和大小,如图 7-4-14 所示。

图 7-4-14　图形元件位置与大小

11 在第 100 帧处插入关键帧,调整大小为 80%,如图 7-4-15 所示。然后选中第 95 帧中的元件,将 Alpha 值设置为"0",如图 7-4-16 所示,在第 95~100 帧创建传统补间动画。

图 7-4-15　调整比例

图 7-4-16　设置透明度

12 分别在第 105 帧和第 115 帧处插入关键帧，然后将第 115 帧中的元件大小设置为 50%，并放置于舞台的左上角，如图 7-4-17 所示。

13 在第 260 帧处插入普通帧。

14 新建图层，重命名为 "che"。在第 100 帧处插入关键帧，将图片 "丰田.png" 导入舞台，选中图片，右击，在弹出的快捷菜单中选择 "转换为元件" 命令，将其转换为影片剪辑元件 "汽车"。

15 如图 7-4-18 所示，在第 140 帧处插入关键帧，选中第 100 帧中的元件，设置 Alpha 值为 "0"，在第 100～140 帧创建传统补间动画，并在第 260 帧处插入普通帧。

图 7-4-17　第 115 帧元件大小与位置

16 新建图层，重命名为 "车身遮罩"，在第 140 帧处插入关键帧。

17 使用刷子工具 ✐【B】、颜料桶工具 ◌【K】绘制出如图 7-4-19 所示的汽车反光部分形状。

图 7-4-18　创建传统补间动画

图 7-4-19　汽车反光部分形状

18 选中 "车身遮罩" 图层中所有形状，右击，在弹出的快捷菜单中选择 "转换为元件" 命令，将其转换为影片剪辑 "车身遮罩"。

19 双击元件，进入元件内部进行编辑。在图层 1 的第 20 帧处插入普通帧。

20 新建图层 2，利用矩形工具 ▢【N】绘制一个矩形，并填充如图 7-4-20 所示的线性渐变效果，然后将其转换为影片剪辑元件 "光"，调整位置和角度如图 7-4-21 所示。

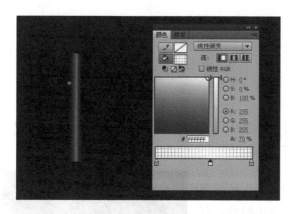

图 7-4-20　绘制矩形

图 7-4-21　第 1 帧元件位置与角度

21 在"图层 2"的第 20 帧处插入关键帧，移动"光"元件的位置，如图 7-4-22 所示，然后在第 1～20 帧创建传统补间动画。

22 选中"图层 1"，右击，在弹出的快捷菜单中选择"遮罩层"命令，创建遮罩，效果如图 7-4-23 所示。

图 7-4-22　第 20 帧元件位置与角度

图 7-4-23　车身遮罩效果

23 单击"场景 1"链接，返回场景，选中"车身遮罩"图层，在第 260 帧处插入普通帧。

24 保存动画，按【Ctrl+Enter】组合键，预览动画效果，如图 7-4-24 所示。

图 7-4-24　汽车过光效果

运用实例中所学的方法，针对不同的广告语，设计不同的动画效果，制作符合客户要求的 Flash 广告。

设计内容：动画设计——车动我心。

客户要求：动画尺寸 130×300 像素，要求从美的角度和独特的视觉阐述汽车与人们生活的关系，表现人们的生活因汽车而精彩。视觉效果好、冲击力强、有说服力和表现力，内容有新意、有创意、有内涵，文字简洁生动，符合语言文字规范效果，如图 7-4-25 所示。

图 7-4-25 车动我心

小 贴 士

烟花背景效果可由脚本创建，主要使用 duplicateMovieClip 命令复制烟花，并随机设置新复制出烟花的各个属性。以下为烟花绽放动画的详细代码。

```
i=2;
yd_mc._visible=0;
while(Number(i)<50){
    duplicateMovieClip("yd_mc","yd_mc"+i,i);
    setProperty("yd_mc"+i,_rotation,random(360));
    sc = 40+Number(random(60));
    setProperty("yd_mc"+i,_xscale,sc);
    setProperty("yd_mc"+i,_yscale,sc);
    mycolor=new Color("yd_mc"+i);
    mycolor.setRGB(random(0x99dd66));
    tellTarget("yd_mc"+i){
        gotoAndPlay(random(5));
    }
    i=Number(i)+1;
}
```

项目 8

复 杂 动 画

本项目所指的 Flash 复杂动画，主要是指 3D 动画和骨骼动画。

从"Adobe Flash CS4 Professional"版本开始，Flash 动画技术有了很大的变革，其中主要包括 3D 工具、骨骼工具和新的动作补间形式。这些动画技术都需要 ActionScript 3.0 支持，因此，在新建动画文件的时候，要选择"ActionScript 3.0"文档。

学习目标

掌握 3D 工具的用法。

掌握骨骼工具的用法。

掌握应用骨骼制作相关动画。

项 目 引 导

1.　3D 动画

Flash 中的 3D 动画实际上就是依托于 Flash 提供的 3D 编辑工具，使以往只能在 Z 轴上进行旋转的图像在 X 轴和 Y 轴上都可以做旋转变化，也可称之为顺时针或逆时针的旋转。

在 Flash CS6 中有两个 3D 编辑工具，即 3D 旋转工具和 3D 平移工具 。通过这两种工具的应用可以在三维轴上进行旋转和移动，从而实现三维动画效果。在 Flash CS6 中，创建 3D 对象前必须先将对象转换成影片剪辑元件，然后才可以使用 3D 工具进行编辑。

在打开 3D 旋转工具的同时，查看"属性"面板，会发现其中包含"位置和大小""3D 定位和查看"等选项，其中"3D 定位和查看"选项是从 Flash CS4 中新增的选项，如图 8-0-1 所示，其中，透视角度是由一个照相机的图标来表示的，我们可以把透视角度看成照相机的镜头，调整透视角度值，就如同调整焦距一样，可以让镜头自由收缩。把鼠标指针放在系统默认值上，当鼠标指针变成双箭头的时候，就可以左右拖动鼠标调整数值。当然，也可以直接输入数值更改。透视角度的取值范围为 1～180。

消失点是在西方美术中经常用到的一个术语，如当你看道路两旁排列整齐的树木时，两排树木连线交于很远的某一点，这点在透视中称为消失点。消失点决定了 Z 轴的走向，Z 轴指向消失点。

透视角度属性具有缩放舞台视图的效果。消失点属性具有在舞台上平移 3D 对象的效果。这些设置只影响应用 3D 变形或平移的影片剪辑元件的外观。

图 8-0-1　3D 定位和查看

2.　骨骼动画

骨骼动画是一种使用骨骼的有关节结构对一个对象或彼此相关的一组对象进行动画处理的方法，是使用计算父物体的位移和运动方向，从而将所得信息继承给其子物体的一种物理运动方式。它可以通过设置对象的骨骼系统来控制其运动状态，如胳膊、腿和面部表情等，可以向单独的元件实例或单个形状的内部添加骨骼。在一个骨骼移动时，与启动运动的骨骼相关的其他连接骨骼也会移动。反向运动是通过一种连接各种物体的辅助工具来实现的运动，这种工具就是 IK 骨骼，也称为反向运动骨骼。使用 IK 骨骼制作的反向运动学动画，即骨骼动画。使用反向运动进行动画处理时，只需要指定对象的开始位置和结束位置即可。通过反向运动，可以更加轻松地创建自然的运动。

在 Flash 中，可以按以下两种方式使用 IK。

（1）使用骨骼工具来创建影片剪辑的骨架

通过添加将每个实例与其他实例连接在一起的骨骼，用关节连接一系列的元件实例。例如，有一组影片剪辑元件，其中的每个影片剪辑元件表示人体的不同部分。通过将躯干、上臂、下臂和手连接在一起，可以创建逼真移动的胳膊。

01 在舞台上画一个矩形，并把它转换成一个影片剪辑元件或图形元件。

02 复制 4 个刚刚创建的矩形，如图 8-0-2 所示。

图 8-0-2 水平对齐的同一符号的多个实例

03 选择骨骼工具 【M】，按住鼠标从第一个矩形拖向下一个矩形把它们连接起来，当松开鼠标的时候，在两个矩形中间将会出现一条实线来表示骨骼段，如图 8-0-3 所示。

图 8-0-3 骨骼段

04 重复步骤 03 将后面的矩形依次连接，直到所有的矩形都用骨骼连接起来，如图 8-0-4 所示。

图 8-0-4 完整骨架

05 在第 40 帧处插入普通帧，调整骨骼位置，Flash 将会在当前帧数上插入一个关键帧，并在 IK 跨度上进行动作的内插，如图 8-0-5 所示。

06 按【Ctrl+Enter】组合键测试动画效果。

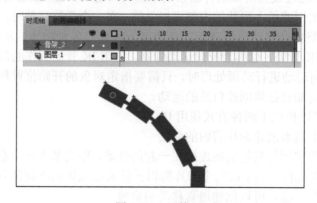

图 8-0-5 调整 IK

（2）在形状对象的内部添加骨架

通过骨骼，可以移动各个部分并对其进行动画处理，而无须绘制形状的不同版本或创建补间形状。骨骼被包裹在一个完整的形体中，通常使用这项技术来为动物角色创建摇尾巴动画。

`01` 绘制一个又高又细的矩形，将顶端部分变窄做成尾巴的样子，如图 8-0-6 所示。

`02` 选择骨骼工具 ✐【M】从尾巴的底部（根）开始，在形状内部单击并按住鼠标向上拖动，来创建根骨骼，在向形状中画第一根骨骼的时候，Flash 会将它转换为一个 IK 形状对象，如图 8-0-7 所示。

`03` 继续向上依次创建骨骼，将头尾相连，注意骨骼的长度应逐渐变短，越到尾部关节越多，如图 8-0-8 所示。

`04` 在第 40 帧处插入普通帧，调整骨骼位置，如图 8-0-9 所示。

  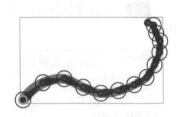

图 8-0-6 尾巴效果　　图 8-0-7 添加 IK　　图 8-0-8 添加完整 IK　　图 8-0-9 调整 IK 位置

`05` 按【Ctrl+Enter】组合键测试动画效果。

任务 8.1 绘制 3D 动画——旋转的指路牌

■ 任务目的

了解 Flash 提供的 3D 编辑工具，掌握 3D 旋转工具和 3D 平移工具的使用方法。

任务分析

本任务的目的是模仿三维空间中的指路牌的旋转。指路牌主要包含底部装饰、铁杆和以铁杆为中心的 4 个分别分布于 0°、90°、180°、270° 4 个方向的指路标。效果如图 8-1-1 所示。

图 8-1-1 "旋转的指路牌"效果预览

旋转的指路牌

任务实施

操作要求：要求能制作有 3D 效果的动画。

技能点拨：在 Flash 制作中，一个场景只能有一个视点，或者称为摄像头。默认状态下，FLA 文件的摄像头视图与舞台视图相同。每个 FLA 文件都只含有一个"透视角度"或"消失点"。

01 新建并保存文件。新建 Flash 文件，设置舞台大小为 500×300 像素，其他属性默认；执行"文件→保存"命令，将其命名为"旋转的指路牌"。

02 新建"绿色牌子"影片剪辑元件。执行"插入→新建元件"命令（或按【Ctrl+F8】组合键），弹出"创建新元件"对话框，在"名称"文本框中输入"绿色牌子"，在"类型"下拉列表框中选择"影片剪辑"选项，如图 8-1-2 所示，单击"确定"按钮，进入新建的"绿色牌子"元件编辑界面。

03 绘制绿色牌子。在元件中绘制宽 60 像素、高 20 像素的绿色牌子，如图 8-1-3 所示。

图 8-1-2 新建元件   图 8-1-3 绿色牌子形状

04 新建其他颜色牌子元件。重复步骤 **02** 和步骤 **03** ，完成"蓝色牌子""红色牌子""橙色牌子"的制作，所有牌子均设置为宽 60 像素，高 20 像素，当前"库"面板中的元件如图 8-1-4 所示，其他 3 个牌子的外观如图 8-1-5 所示。

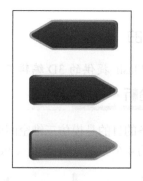

图 8-1-4 "库"面板   图 8-1-5 其他 3 个牌子外观

05 新建"装饰"影片剪辑元件。新建影片剪辑元件，将其命名为"装饰"，绘制如图 8-1-6 所示图形。

06 新建"铁杆"影片剪辑元件。新建影片剪辑元件，将其命名为"铁杆"，绘制如图 8-1-7 所示图形。

图 8-1-6 装饰

图 8-1-7 铁杆

07 新建"完整指路牌"影片剪辑元件。新建影片剪辑元件,将其命名为"完整指路牌",将"铁杆"元件拖放至"完整指路牌"影片剪辑元件中,并将它相对于舞台水平中齐,垂直中齐,如图 8-1-8 所示;根据铁杆的位置,将其他元件拖放至合适位置,并调整大小和层次,组合完成后如图 8-1-9 所示。

图 8-1-8 铁杆居中对齐

图 8-1-9 完整指路牌

08 调整指路牌局部。单击选中橙色牌子和蓝色牌子,并将它相对于舞台垂直中齐,如图 8-1-10 所示。

09 调整橙色牌子的位置。单击选中橙色牌子,按【Ctrl+T】组合键打开"变形"面板,将其绕 Y 轴旋转-90°,如图 8-1-11 所示。

图 8-1-10 调整指路牌局部

图 8-1-11 调整橙色牌子 3D 旋转

10 调整橙色牌子的位置。单击选中橙色牌子,然后在"属性"面板中设置它的 3D 坐标中的 Z 坐标为"30",如图 8-1-12 所示。

11 调整蓝色牌子的位置。重复步骤 **07** 、步骤 **08** ,设置蓝色牌子绕 Y 轴旋转-90°,3D 坐标中的 Z 坐标为"-30",如图 8-1-13 所示。

12 新建"旋转"图层。完成元件编辑，返回场景，将图层重命名为"旋转"，将"完整指路牌"影片剪辑元件拖至舞台合适位置，如图 8-1-14 所示。

图 8-1-12　橙色指牌子 Z 位置　　　　图 8-1-13　调整蓝色牌　　图 8-1-14　新建"旋子的 3D 旋转、Z 位置　　　转"图层

13 创建补间动画。在"旋转"图层第 50 帧处，按【F5】键插入帧，选中舞台上的"完整指路牌"元件，右击，在弹出的快捷菜单中选择"创建补间动画"命令，如图 8-1-15 所示。

图 8-1-15　创建补间动画

14 插入关键帧。在"旋转"图层第 50 帧处按【F6】键，插入属性关键帧，如图 8-1-16 所示。

图 8-1-16　插入关键帧

15 制作旋转动画。单击选中"旋转"图层第 50 帧，按【Ctrl+T】组合键打开"变形"面板，设置 3D 旋转选项 Y 的值为"360°"，如图 8-1-17 所示，效果如图 8-1-18 所示。

图 8-1-17　制作旋转动画

图 8-1-18　旋转动画效果

16 测试并保存文件。按【Ctrl+Enter】组合键进行测试，然后按【Ctrl+S】组合键保存文件。

实践探索

制作骰子的 3D 旋转动画，效果如图 8-1-19 所示。

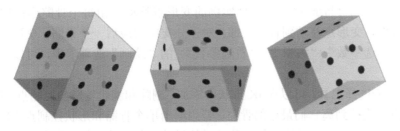

图 8-1-19　骰子的 3D 旋转

任务 8.2　绘制骨骼动画——人物走路

任务目的

通过制作人物走路的骨骼动画，掌握骨骼工具的应用。

任务分析

本任务实现的效果为卡通人物的走路动画，效果如图 8-2-1 所示。

图 8-2-1　人物走路效果预览

人物走路

任务实施

操作要求：用骨骼工具将元件连接起来，并通过姿势的调整使人物动起来。

技能点拨：

1）只有文档类型是"ActionScript 3.0"的文档才支持骨骼动画。使用"骨骼"工具，可以向元件内部添加骨骼，但每个元件的实例只能有一个骨骼。

2）若要将某个骨骼与其子级骨骼一起旋转而不移动父级骨骼，需要按住【Shift】键拖动该骨骼。

3）默认情况下，Flash 将每个元件实例的变形点移动到由每个骨骼连接构成的连接位置。对于根骨骼，变形点移动到骨骼头部。对于分支中的最后一个骨骼，变形点移动到骨骼的尾部。在"首选参数"（"编辑"＞"首选参数"）的"绘画"选项卡中，可以禁用变形点的自动移动。

4）使用部分选择工具，可以在 IK 形状中添加、删除和编辑轮廓的控制点。默认情况下，形状的控制点会连接到离它们最近的骨骼。若想编辑单个骨骼和形状控制点之间的连接，可以使用绑定工具，这样就可以控制骨骼移动时笔触移动的方式。如果将多个控制点绑定到一个骨骼或者多个骨骼绑定到一个控制点，使用绑定工具选择控制点或骨骼，可以看到骨骼和控制点之间的连接。

01 打开素材。打开素材文件"人物走路素材.fla"（注意绘制人物时关节处要绘制详细，此素材已将身体各部分转换为元件）。

02 添加骨骼。确定根骨骼的位置为腰部，并给人物身体的各部分元件实例添加骨骼（注意各关节的位置），如图 8-2-2 所示。此时图层如图 8-2-3 所示，Flash 自动生成了"骨架_14"图层，图层 1 变为空，可将其删除。

图 8-2-2　添加骨骼

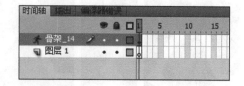

图 8-2-3　添加骨骼后的图层

03 调整元件。调整各元件中心点的位置到各关节点，并调整各元件实例的叠放次序。

04 在第 25 帧处插入姿势。通过常识得知人走一个整步的时间大概为 1s，所以在第 25 帧处右击，在弹出的快捷菜单中选择"插入姿势"命令，插入和第 1 帧一样的姿势，如图 8-2-4 所示。

05 在第 13 帧处插入姿势。根据人物行走的运动规律进行动画中割，在第 13 帧处插入姿势，并调整姿势如图 8-2-5 所示。

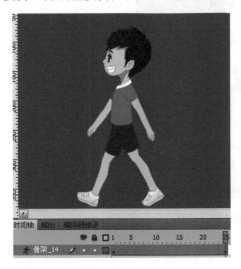

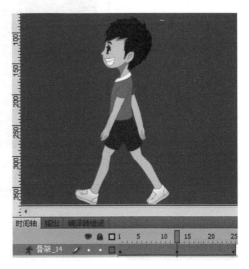

图 8-2-4 第 25 帧上的姿势   图 8-2-5 第 13 帧上的姿势

06 分别在第 7 帧和第 19 帧处插入姿势。用同样的方法在第 7 帧和第 19 帧处插入姿势并调整姿势如图 8-2-6 和图 8-2-7 所示。

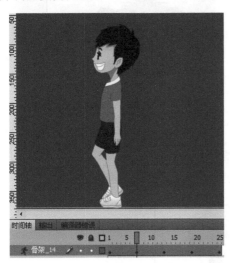

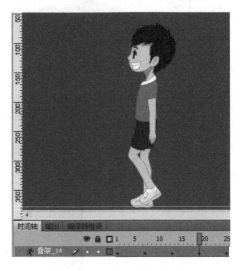

图 8-2-6 第 7 帧上的姿势   图 8-2-7 第 19 帧上的姿势

07 转换成逐帧动画并调整。选中"骨架_14"图层上的所有帧，右击，在弹出的快捷菜单中选择"转换为逐帧动画"命令，将动画转换成逐帧动画，可单独调整每帧的内容，以达到完美效果，如图 8-2-8 所示。

08 测试并保存文件。按【Ctrl+Enter】组合键进行测试，然后按【Ctrl+S】组合键保存文件。

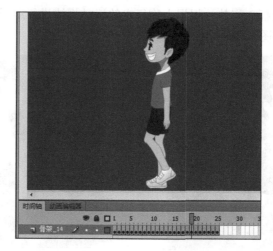

图 8-2-8　转换成逐帧动画并调整

实践探索

使用提供的素材，制作行走的猴子动画，如图 8-2-9 所示。（技巧提示：为猴子的胳膊、腿、尾巴单独创建更小的骨架，这样便于操作。）

图 8-2-9　胳膊、腿、尾巴单独创建骨架

项目 9

声音与视频

Flash 提供了许多使用声音的方式，可以使声音独立于时间轴连续播放，或使动画与声音同步播放，还可以向按钮添加声音，使按钮具有更强的感染力。此外，通过设置淡入、淡出效果还可以使声音更加优美。

在 Flash 中，对于视频的应用是相当常见的，可以使用播放组件加载外部视频，也可以在 SWF 中嵌入 FLV，并在时间轴上播放。

学习目标

了解 Flash 中声音的导入及各项参数。

掌握 Flash 声音内部编辑方法。

掌握应用 Goldwave 处理声音的方法。

了解视频的导入和控制方式。

项 目 引 导

1. 声音素材的导入

执行"文件→导入→导入到库"命令，在弹出的"导入到库"对话框中选中目标文件后，单击"确定"按钮，此时在"库"面板中可以看到刚刚导入的声音素材，如图 9-0-1 所示。

图 9-0-1 "库"面板

在"时间轴"面板上选择需要添加声音的关键帧，然后从"库"面板中把声音对象拖动到舞台上，或在"属性"面板中的"声音"下拉列表框中选择所需的声音文件，即可完成添加。虽然可以把多个声音放在同一层中，也可以把声音添加到包含其他对象的层内，但是在实际项目中可以新建一个独立图层放置声音，这样便于以后查找和修改，如图 9-0-2 所示。

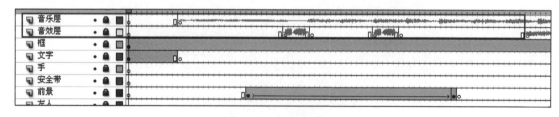

图 9-0-2 声音图层

2. 声音素材的编辑和控制

对于导入的声音，可以进行进一步的设置和编辑。

单击已导入声音的关键帧，在"属性"面板中可以看到声音选项，如图 9-0-3 所示。

图 9-0-3 "声音"属性

名称：通过此下拉列表框，可以在"库"面板中已有的声音素材中选择要添加到帧中的声音。

效果：此下拉列表框中设置了几种常用的声音效果，能够满足基本的效果需求，如图 9-0-4 所示；也可以通过编辑声音封套来得到自定义的效果。单击下拉列表框右侧的"编辑声音封套"按钮，弹出"编辑封套"对话框，如图 9-0-5 所示。

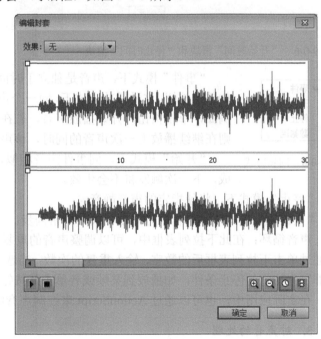

图 9-0-4 "效果"下拉列表   图 9-0-5 "编辑封套"对话框

首先可以通过移动默认位置紧靠时间轴两端的"开始时间"滑块和"停止时间"滑块，截取声音中需要的长度，如图 9-0-6 所示。

在左右声道上，能找到控制音量大小的封套曲线，可以拖动封套手柄来控制声音的大小。如果需要添加封套手柄（最多可达 8 个），可以直接在曲线上单击，如图 9-0-7 所示。

调整过程中，通过左下角的"播放声音"按钮可以预览调制的结果。通过右下角的控制显示的按钮控制当前窗口中显示的时间宽度。

同步：在该下拉列表框中可以选择声音播放同步方式，如图 9-0-8 所示。

图 9-0-6 "开始时间"滑块和"停止时间"滑块

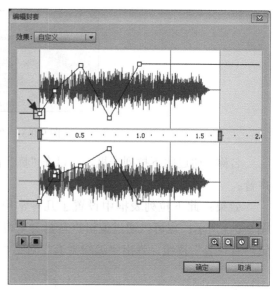

图 9-0-7 封套手柄

图 9-0-8 同步方式

"事件"模式下，声音是独立于时间轴的，由一个条件触发开始播放，如单击按钮。这种播放方式下，同一个声音的不同实例可以同时混合播放。例如，单击按钮，开始播放声音，若在声音未播放完时再单击一次按钮，则在继续播放上一次声音的同时，该声音将混合播放第二次。

"开始"模式下，同事件声音相似，区别在于：若上一次播放没有完成，下一次触发将不会生效。

"停止"模式下，将使指定的声音静音。

"数据流"模式下，声音同时间轴相关，严格同步。

声音循环：在此下拉列表框中，可以调整声音的重复播放方式。当选择"重复"时，可以通过单击下拉列表框后的数字，输入重复的次数；当选择"循环"时，将循环播放该声音，除非发生特定的停止条件，如播放到某帧或者单击某按钮。

在实际应用中，也可以通过 ActionScript 来控制声音的播放和动态加载。

3. 对声音的处理

从网络上下载所需的音乐非常方便，但是往往获得的音乐在格式或长短上与需要的音乐存在一定差异。在导入 Flash 的过程中就会出现无法导入的提示，这是因为声音文件不是标准的 MP3 音频格式，或者是 Flash 不支持这种音频格式，所以就需要使用声音处理软件来将它转换为标准的 MP3 音频格式。在这里主要介绍使用 GoldWave 软件编辑音乐的长短，并将其保存为所需格式。

小 贴 士

使用 Flash 本身提供的声音"编辑封套"也可以完成对音乐长短的编辑。

安装并运行 GoldWave 软件，执行"文件→打开"命令，弹出"打开声音"对话框，选中本任务中的声音素材文件，单击"打开"按钮，打开图 9-0-9 所示的界面。

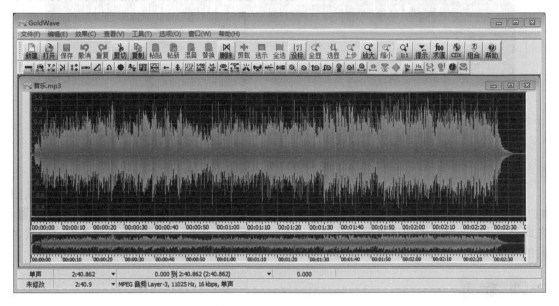

图 9-0-9　GoldWave 界面

执行"工具→控制器"命令，弹出"控制器"对话框，如图 9-0-10 所示。

图 9-0-10　"控制器"对话框

单击对话框中的"播放"按钮，开始播放音乐。当听到所需音乐开始的位置时，单击"暂停回放"按钮，音乐停止播放，此时"播放头"的位置是所需音乐的起始位置，在此处单击，如图 9-0-11 所示。

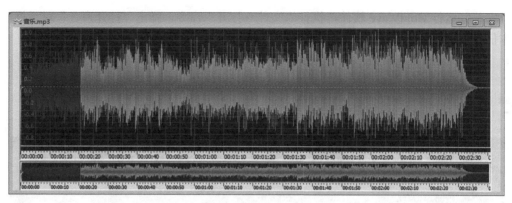

图 9-0-11　轨道面板

确定好音乐的起始位置后，单击"播放"按钮，继续播放音乐。当听到所需音乐结束的地方时，单击"暂停"按钮，音乐停止播放，此时"播放头"的位置是所需音乐的结束位置。在此处右击，在弹出的快捷菜单中选择"设置结束标记"命令，此时起始位置和终点位置之间的音乐段以高亮显示，即得到所需的声音文件。

为了精确地截取音乐，可以反复地通过单击"播放"按钮和"暂停"按钮进行试听，或者记录编辑窗口下方的时间，反复进行调整直到满意为止。在开始和结束标志线上拖动鼠标也可以改变音乐的起始和终止位置。

调整完后，执行"编辑→复制到"命令，弹出"保存选定部分为"窗口，如图 9-0-12 所示，输入保存的路径和名称，选择需要的保存类型，单击"保存"按钮，就会得到一个所需要的格式和长短的声音文件。

图 9-0-12　"保存选定部分为"窗口

GoldWave 软件的声音编辑功能非常强大，除了上面使用的功能之外，还可以给声音添加一些特效，如回声、淡入、淡出和混响等，这些功能都在"效果"下拉列表框中。另外，还可以使用该软件来录制声音。

4. 视频素材的导入

Flash CS6 中允许将视频添加到演示文件中，添加的方式根据用途和播放的条件限制有以下 3 种。

1）在 Flash 文档中嵌入视频，即直接将较短小的视频嵌入到 Flash 中，发布时作为 SWF 文件的一部分。这种情况下通常会显著地占用文件的存储空间，影响发布的 SWF 文件大小，因此嵌入的视频常常小于 10s。缺点是当视频较长时，可能会导致视频和音频不同步，并且除非重新发布 SWF，否则不能更改嵌入的视频内容。

2）使用 Adobe Flash Media Server 流式加载视频，这是一种实时的媒体传送和优化服务，它可以提供一种最有效的方法，向尽可能多的观众传送 FLY 或 F4V 文件，而且为用户省去设置和维护流媒体服务器硬件和网络的麻烦。

3）从 Web 服务器渐进式下载视频，这种方式下的视频剪辑提供的效果比实时效果差（Flash Media Server 可以提供实时效果），但是可以使用相对较大的视频剪辑，同时将所发布的 SWF 文件所占存储空间保持为最小。

5. 视频素材的控制方式

Flash 提供了两种视频控制方式，第一种是使用 Flash 自带的 FLVPlayback 组件快速地添加全功能的 FLV 播放控制。这种方式同时支持渐进式下载和流式下载，能够胜任大部分的需要，缺点是缺乏原创性。第二种是使用 ActionScript 控制外部视频。这种方式更加灵活，并且能够最大限度地满足用户的各种不同需求。缺点是掌握这种方式需要拥有一定的程序编写基础。

任务 9.1　导入声音——生命的禁锢配音

■任务目的

本任务的主要目的是掌握声音的导入方法以及声音的内部编辑方法。

┌任务分析┐

生命的禁锢配音

"生命的禁锢配音"动画实现的是用已有的声音文件为小短片做配音工作，配音要求包含音效层和背景音乐层的效果，并做到准确的声画对位。

任务实施

操作要求：要求能完成声音的合理添加与设置，实现声画对位。

技能点拨：

1）使用"导入"命令将声音导入到"库"面板。

2）在正确的帧上直接从"库"面板中将声音拖放到舞台。

3）使用声音的"属性"面板对基本参数进行设置，并灵活应用编辑封套。

01 打开素材中的"素材与源文件\项目 9\任务 9.1\素材\生命的禁锢.fla"文件。

02 在"框"图层上新建一个图层并命名为"音效层"，如图 9-1-1 所示。

图 9-1-1　新建"音效层"图层

小 贴 士

在为某个场景添加音效前要先考虑一下在整个场景中哪些地方可能会出现音效。在本任务场景中应该出现音效的至少有如下几处：

1）汽车行进过程中按喇叭发出"叭叭"的笛声。

2）汽车行进过程中遇到情况紧急刹车时发出"吱吱"的声音。

3）汽车撞上墙壁的一瞬间发出"砰"的声音。

03 添加喇叭的声音，将素材中的"笛声.mp3"文件导入到"库"面板中，如图 9-1-2 所示。单击选中声音文件，在"库"面板预览框里我们可以看到这个声音文件的显示波形。单击预览框右上角的"播放"按钮，可对音频进行预听。

图 9-1-2　"库"面板预览框

04 喇叭的声音是从第 31 帧开始的，所以音频也要从第 31 帧同步进行，锁定除"音效层"外的其他图层，然后在"音效层"第 31 帧处插入一个空白关键帧，如图 9-1-3 所示。

05 将"库"面板中的"笛声.mp3"声音文件拖放至舞台，将声音添加到这一空白关键帧上，如图 9-1-4 所示。

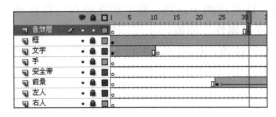

图 9-1-3　插入空白关键帧

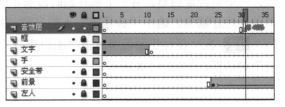

图 9-1-4　插入音频

06　单击"播放"按钮，此时并没有播放声音，打开当前"时间轴"面板上的声音"属性"面板。在"属性"面板的"同步"下拉列表框选择"数据流"选项，如图 9-1-5 所示，再次单击"播放"按钮，可听到播放声音。

图 9-1-5　"属性"面板

小　贴　士

　　在没有对"属性"面板中的设置进行修改时，声音同步的默认状态是"事件"，这种状态下无法用拖动播放指针的办法进行监听。这种状态大多是在交互式动画中使用，因为此时声音可以触发相关的脚本完成某个动作，但这种状态在动画短片中很少使用，因为无法通过拖动播放指针进行监听，在动画制作中非常不方便。在后期合成中要进行大量的声画对位操作，因此在短片中多数使用"数据流"。

07　在第 48 帧处继续添加在汽车行进过程的笛声，方法同上。

08　在第 77 帧处添加素材中"刹车"音频文件，这样汽车遇到情况紧急刹车可发出"吱吱"声。

09　配合动画的画面效果，把素材中"碰撞"的音频文件添加到场景第 90 帧的位置。

10　添加背景音乐。在本例中由于剧情的发展，需要两种风格的背景音乐。在"音效层"上新建图层并命名为"音乐层"，将素材中的"音乐.mp3"文件导入到"库"面板中，然后将这个音频文件添加到"音乐层"的第 11 帧上，如图 9-1-6 所示。

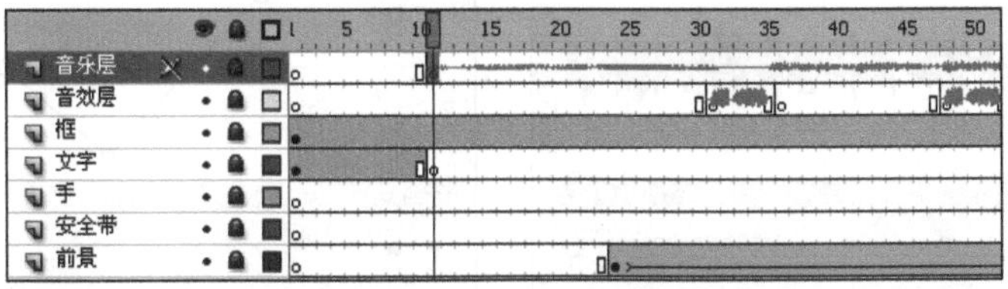

图 9-1-6　添加音乐层

11　测试场景，在添加了背景音乐后，整个场景的效果更明显。但是音乐存在两个问题，一个是音量调整，另一个是开始时没有声音。针对这两个问题，我们现在要对这段音频简单地进行编辑，选中"音乐层"上的音频，打开"属性"面板。

12 在"属性"面板中单击"编辑声音封套"按钮，如图 9-1-7 所示，弹出"编辑封套"对话框，如图 9-1-8 所示。

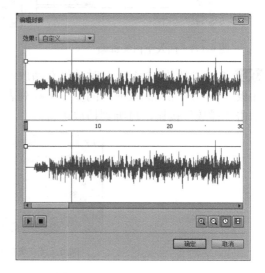

图 9-1-7 "编辑声音封套"按钮　　　　图 9-1-8 "编辑封套"对话框

13 调整音量。用鼠标拖动两个声道上的调整点将其调整到如图 9-1-9 所示的位置，这样就可以改变现在文档中声音的音量。

14 将当前标尺切换为帧显示状态，并单击"缩小"按钮将当前视图缩小，然后用鼠标按住定位滑块将其拖动到声音大波形开始的地方，如图 9-1-10 所示，即将前面的空白部分剪辑掉了。单击"播放声音"按钮预览效果，此时音量变小了，多余的部分也被剪掉了。

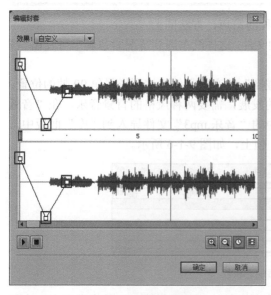
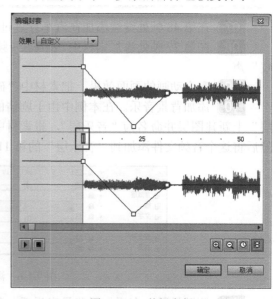

图 9-1-9 调整音频音量　　　　　　　图 9-1-10 剪辑音频

15　在第 88 帧处插入空白关键帧结束"音乐.mp3"，如图 9-1-11 所示。

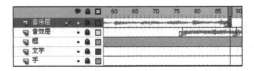

图 9-1-11　音乐层

16　在第 109 帧处继续添加因剧情发展整体氛围改变的背景音乐"音乐 2.mp3"，方法同"音乐.mp3"的添加方法一样。

17　测试并保存文件。按【Ctrl+Enter】组合键进行测试，然后按【Ctrl+S】组合键保存文件。

实践探索

运用所学的声音知识，为"树林"动画配音。"树林"动画如图 9-1-12 所示。

图 9-1-12　"树林"动画

任务 9.2　导入视频——舞台视频

任务目的

本任务的主要目的是掌握 Flash 视频的导入和控制的基础知识。

任务分析

本任务完成一个在 Flash 中导入视频的动画效果，如图 9-2-1 所示。

图 9-2-1　舞台视频效果

舞台视频

·任务实施·

操作要求：要求能正确导入视频，实现外部视频文件在 Flash 中的播放。

技能点拨：使用"导入"命令完成视频的导入，正确选择视频导入选项。

01 打开或新建需要导入视频的实例文件，执行"文件→导入→导入视频"命令，弹出"导入视频"对话框，如图 9-2-2 所示。此例中介绍如何导入本地视频，因此点选"在您的计算机上"单选按钮，在实际项目中若视频已上传到网络中，也可以点选下方的"已经部署到 Web 服务器 Flash Video Streaming Service 或 Flash Media Server："单选按钮，直接输入视频的网络地址。

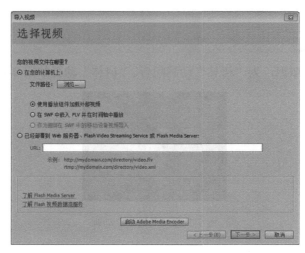

图 9-2-2 "导入视频"对话框

02 单击文件路径后的"浏览"按钮，添加需要添加到 Flash 文件中的视频文件，如图 9-2-3 所示。

03 在路径下方，可以选择视频与 Flash 的集成方式。点选"使用播放组件加载外部视频"单选按钮，如图 9-2-4 所示。完成设置后，单击"下一步"按钮。

图 9-2-3 选择文件

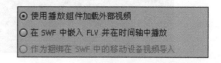

图 9-2-4 视频与 Flash 的集成方式

视频与 Flash 的集成方式。

1）使用播放组件加载外部视频：导入视频并创建 FLVPlayback 组件的实例以控制视频回放。当上传此 SWF 文件到服务器时，需要配置该组件，并且同时上传要播放的 FLV 文件。

2）在 SWF 中嵌入 FLV 并在时间轴中播放：前面介绍过的在 Flash 文档中嵌入视频播放方式。

3）作为捆绑在 SWF 中的移动设备视频导入：与在 Flash 文档中嵌入视频类似，将视频绑定到 Flash Lite 文档中以部署到移动设备。

04 进入设定播放控件外观的界面，可以选择播放控件在视频中所处的位置及颜色，以配合舞台上其他设计元素的风格。设计完成后，单击"下一步"按钮，如图 9-2-5 所示。

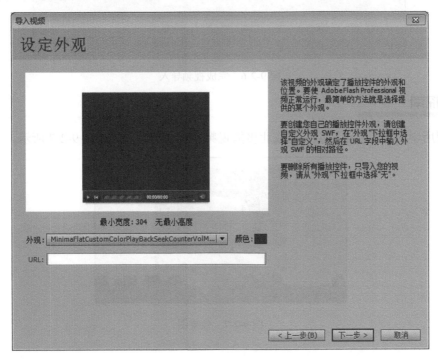

图 9-2-5 导入视频外观设置

05 进入"完成视频导入"界面，用户可以看到之前对整个导入视频做的相关设置，确认无误后单击"完成"按钮，如图 9-2-6 所示。

06 此时可以看到，视频已经被添加到舞台上，可以通过任意变形工具 ▦【Q】调整视频的大小和所处的位置，完成实例。

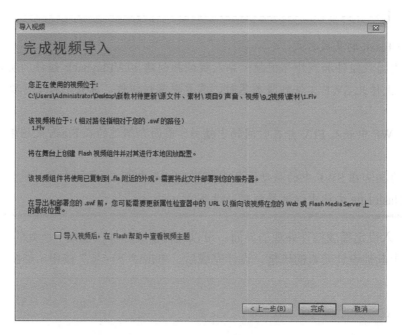

图 9-2-6　完成视频导入

实践探索

运用所学的导入视频知识，完成北极熊视频实例动画，效果如图 9-2-7 所示。

图 9-2-7　效果图

任务 9.3　实战演练——绘制"五一"劳动节贺卡

任务目的

本任务的主要目的是掌握 Flash 中声音的使用与编辑方法，理解 Flash 综合案例的设计思路。

"'五一'劳动节贺卡"实现的是根据劳动节这一主题,应用已有素材设计劳动节贺卡,并且要求为贺卡添加合适的音效,如图 9-3-1 所示。

图 9-3-1　劳动节动画效果预览

制作劳动贺卡 1

制作劳动贺卡 2

── 任务实施 ──

操作要求:根据现有素材,设计"五一"劳动节贺卡,要求内容表现与主题相贴切。

技能点拨:

1)本案例通过在 Flash 中绘制场景,根据主题设计动画。

2)导入声音,添加并编辑设置音效。

01 打开素材文档。打开"素材与源文件\项目 9\任务 9.3\素材\劳动节素材.fla"文件,设置舞台大小为 440×330 像素,并按【Ctrl+Shift+S】组合键,将文件另存为"劳动节.fla"。

02 制作安全框。将图层 1 命名为"安全框",使用矩形工具 ▢【R】在贴着舞台的外围绘制 4 个黑色的矩形,如图 9-3-2 所示,再将 4 个矩形打散并锁定。

03 执行"插入→新建元件"命令,设置元件的类型为"影片剪辑",命名为"场景 1"。新建 4 个图层,分别命名为"墙角""书桌""水杯""日历",然后选中"库"面板中的"场景 1 素材"并将元件拖出,在舞台上排列成如图 9-3-3 所示的位置。

图 9-3-2　安全框绘制图

图 9-3-3　"场景 1"元件摆放

04 回到主场景，参考步骤 **03** 完成"场景 2"及"场景 3"的制作，效果如图 9-3-4 所示。

图 9-3-4　"场景 2"及"场景 3"

05 执行"插入→新建元件"命令，设置元件的类型为"影片剪辑"，命名为"小男孩"。新建 3 个图层，分别命名为"左手""右手""身体"，然后选中"库"面板中的"小男孩素材"并将元件拖放至舞台，如图 9-3-5 所示。

06 编辑"小男孩"影片剪辑元件，分别在 3 个图层的第 10 帧和第 20 帧处按【F6】键插入关键帧，修改第 10 帧中的元件，缩放身体的高度为原来的 95.6%，调整左手、右手的位置，如图 9-3-6 所示。第 20 帧不修改，维持第 1 帧的设置。分别在 3 个图层的第 1～10 帧、第 10～20 帧创建传统补间动画。

07 回到主场景，参考步骤 **05**、步骤 **06** 制作"小女孩 1"影片剪辑元件，完成小女孩推动走路动画，第 1 帧及第 10 帧效果如图 9-3-7 所示。

图 9-3-5　小男孩元件摆放　　图 9-3-6　小男孩元件第 10 帧效果　　图 9-3-7　"小女孩 1"元件

08 回到主场景，参考步骤 **05**、步骤 **06** 制作"小女孩 2"影片剪辑元件，完成小女孩拉行李走路动画，第 1 帧、第 7 帧及第 15 帧效果如图 9-3-8 所示。

图 9-3-8　"小女孩 2"元件

09 回到主场景。新建图层并命名为"场景 1"，将"库"面板中的"场景 1"影片剪辑元件拖放至舞台正中央。分别在第 7 帧、第 88 帧、第 95 帧处按【F6】键插入关键帧，修改第 1 帧和第 95 帧的透明度为 0，分别在第 1～7 帧、第 88～95 帧创建传统补间动画，完成场景渐显渐隐的效果，如图 9-3-9 所示。

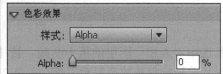

图 9-3-9　场景 1 动画

10 新建图层并命名为"人物"，在第 14 帧处按【F6】键插入关键帧，将"库"面板中的"小男孩"影片剪辑元件拖放至舞台右侧，在第 23 帧处按【F6】键插入关键帧，将小男孩移入舞台中，在第 14～23 帧创建传统补间动画，如图 9-3-10 所示。分别在第 88 帧、第 95 帧处按【F6】键插入关键帧，修改第 95 帧的透明度为 0，在第 88～95 帧创建传统补间动画。

图 9-3-10　小男孩出场动画

11 新建图层并命名为"文字"，在第 35 帧处按【F6】键插入关键帧，在舞台右下角输入文字"五一假期到了"，选中文字，按【F8】键转换为元件，设置类型为"图形"，命名为"五一假期到了"，如图 9-3-11 所示。分别在第 42 帧、第 88 帧、第 95 帧按【F6】键插入关键帧，修改第 35 帧、第 95 帧的透明度为 0，分别在第 35～42 帧、第 88～95 帧创建传统补间动画。

12 分别选中"场景 1""人物""文字"3 个图层的第 96 帧，按【F7】键插入空白关键帧。

13 选中"场景 1"图层的第 96 帧，将"库"面板中的"场景 2"影片剪辑元件拖放至舞台正中央。分别在第 102 帧、第 169 帧、第 243 帧处按【F6】键插入关键帧，修改第 96 帧的透明度为 0，分别在第 96～102 帧、第 169～243 帧创建传统补间动画。

图 9-3-11　文字

14　选中"人物"图层的第 169 帧，按【F6】键插入关键帧，将"库"面板中的"小女孩 1"影片剪辑元件拖放至舞台左侧，在第 243 帧处按【F6】键插入关键帧，选中图层"场景 1"及"人物"的第 243 帧，将各实例平移到舞台右侧，在"人物"图层第 169～243 帧创建传统补间动画，如图 9-3-12 所示。

图 9-3-12　小女孩 1 动画

15　选中"文字"图层，在第 109 帧处按【F6】键插入关键帧，在舞台左上角输入文字"抛开手上的工作"，选中文字，按【F8】键将其转换为元件，设置类型为"图形"，命名为"抛开手上的工作"。分别在第 114 帧、第 164 帧、第 169 帧处按【F6】键插入关键帧，在第 114 帧处按【Shift】键将文字平移到舞台左侧，如图 9-3-13 所示。修改第 169 帧的透明度为 0，分别在第 109～114 帧、第 164～169 帧创建传统补间动画。在第 170 帧处按【F7】键插入空白关键帧。

图 9-3-13　文字

16　双击"库"面板中"场景 3"影片剪辑元件，选中地球，按【F8】键将其转换为影片剪辑元件，命名为"地球旋转"，双击进入编辑"地球旋转"影片剪辑元件，按【Q】键调整变形点为地球中心，在第 400 帧处按【F6】键插入关键帧，在第 1～400 帧创建传统补间动画，设置补间属性，顺时针旋转 1 圈，如图 9-3-14 所示。

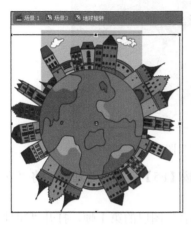

图 9-3-14　地球旋转动画

17　回到主场景。新建图层并命名为"场景 3"，在第 169 帧处按【F6】键插入关键帧，将"库"面板中的"场景 3"影片剪辑元件拖入舞台，调整位置如图 9-3-15 所示。在第 175 帧处按【F6】键插入关键帧，修改第 169 帧的透明度为 0，在第 169～175 帧创建传统补间动画。在第 328 帧处按【F5】键插入普通帧。将"场景 3"图层置于"场景 1"图层下方。

18　新建图层并命名为"人物 3"，在第 241 帧处按【F6】键插入关键帧，将"库"面板中的"小女孩 2"影片剪辑元件拖入舞台，位置如图 9-3-16 所示。在第 247 帧处按【F6】键插入关键帧，修改第 241 帧的透明度为 0，在第 241～247 帧创建传统补间动画。在第 328 帧处按【F5】键插入普通帧。

图 9-3-15　"场景 3"影片剪辑元件　　　　图 9-3-16　"小女孩 2"影片剪辑元件

19　选中"文字"图层，在第 252 帧处按【F6】键插入关键帧，在舞台右下角输入文字"拿上背包，去旅行吧！"，选中文字，按【F8】键将其转换为元件，设置类型为"图形"，命名为"拿上背包"。在第 257 帧处按【F6】键插入关键帧，修改第 252 帧的透明度为 0，在第 252～257 帧创建传统补间动画，如图 9-3-17 所示。在第 328 帧处按【F5】键插入普通帧。

图 9-3-17　"文字"图形元件

20　选中"安全框"图层，在第 328 帧处按【F5】键插入普通帧。将"安全框"图层置于最顶层。

21　新建图层并命名为"声音"，单击"声音"图层的第 1 帧，打开"属性"面板，在"声音"选项中的"名称"下拉列表中选择"sound36"声音文件，"同步"方式设置为"事件"，单击"编辑声音封套"按钮，在弹出的"编辑封套"对话框中切换为帧显示状态，放大视图，将前面没有声音的部分剪掉，将超过第 328 帧的声音剪掉，如图 9-3-18 所示。

图 9-3-18　声音设置

22　测试并保存文件。按【Ctrl+Enter】组合键进行测试，然后按【Ctrl+S】组合键保存文件。

实践探索

运用所学的知识，设计一张端午节贺卡，效果如图 9-3-19 所示。

图 9-3-19　效果图

项目 10

元件与实例

制作 Flash 动画是一个复杂的过程，期间会遇到很多意想不到的问题。元件的出现，大大地提高了制作动画的效率，方便了用户的使用。

本项目主要介绍元件与实例的概念和作用及作用方法。元件包括图形元件、影片剪辑元件及按钮元件。学习利用元件的循环选项设置单帧、循环起始帧，学习应用影片剪辑元件的原理，理解按钮元件的 4 种状态，对各种动画的制作有很大的帮助。通常将放入舞台的元件称为实例。实例与元件的颜色大小等属性差异可以很大。更改元件属性，场景中所有与该元件相关的实例都会发生变化，但更改元件的某个实例的属性则只更新该实例。通过使用元件和实例，能使资源更易于组织，使 Flash 文件更小。

学习目标

了解 Flash 元件的概念。

掌握 Flash 元件的建立、编辑和修改方法。

理解元件和实例的区别。

掌握图形元件、影片剪辑元件、按钮元件的区别与联系。

了解 MTV 的制作流程。

掌握 MTV 的制作方法及词曲同步的设置。

项 目 引 导

1. 元件的概念

元件是指在 Flash 中创建且保存在库中的图形、按钮或影片剪辑。它们一旦建立都会存储在"库"面板中，可以多次使用，而且当把某个元件从"库"面板中拖放至舞台时，它就是该元件的一个实例。元件是 Flash 动画中最基本的元素，具有以下特征。

1）可重复使用而不耗用资源。

2）对实例进行修改不影响元件的属性。

3）对元件进行修改影响实例的属性。

2. 元件的建立

方法一：在舞台上先绘制好图形，然后使用选择工具 选中图形，按【F8】键或者执行"修改→转换为元件"命令，在弹出的"转换为元件"对话框中设置元件的名称和类型。用这种方法建立元件后，不仅"库"面板中有相应元件，舞台上也有它的实例，如果暂时不使用其实例，则可删除舞台上的实例。

方法二：执行"插入→新建元件"命令，在弹出的"创建新元件"对话框中设置新元件的名称和类型，这样就进入元件的编辑环境，可以在此环境中绘制所需的图形。在这种情况下，当回到主场景时，舞台上并没有该元件的实例。

3. 元件的编辑和修改

对元件的编辑和修改既可以在当前窗口中进行，也可以在独立窗口中进行。如果要在当前窗口中编辑某个元件，可以使用选择工具 直接在舞台上双击要修改的实例，进入元件编辑环境；或者选中实例之后，执行"编辑→在当前位置编辑"命令；或者右击元件实例，在弹出的快捷菜单中选择"在当前位置编辑"命令。这时，舞台上的对象除被编辑的元件外，其他的均以灰白显示，表示不编辑。若想退出编辑，可使用选择工具 双击元件以外的其他区域，或者按【Ctrl+E】组合键退出编辑。如果想在独立的环境中修改元件，可单击"工作区"右边的"编辑元件"按钮，从弹出的下拉列表中选择要编辑的元件；或双击"库"面板中元件名称对应的图标；或选中某个实例后执行"编辑→编辑元件"命令。无论是哪种编辑和修改元件的方法，修改完成后若想回到主场景，只需单击"工作区"左边的 按钮或者"场景 1"链接或者按【Ctrl+E】组合键即可。

4. 实例的编辑

对实例位置和大小的修改是比较简单的，可以把实例拖放到不同位置，再使用任意变形工具 【Q】就可以修改它的位置和大小，而实例的"颜色"和"透明度"等则是通过实例的"属性"面板来修改的。例如，当选中舞台上的某个实例之后，打开"属性"面板，在"色彩效果"选项中的"样式"下拉列表框中，可以修改实例的"亮度""色调""Alpha"等属性，如图 10-0-1 所示。

图 10-0-1 "属性"面板

5. 元件的交换与复制

（1）元件的交换

场景中的实例可以被替换成另一个元件的实例，并保持原实例的初始属性（如颜色效果等）。在选中目标实例的前提下单击"属性"面板中的"交换"按钮，如图 10-0-2 所示；也可以执行"修改→元件→交换元件"命令，或者右击，在弹出的快捷菜单中选择"交换元件"命令。

（2）元件的复制

直接复制元件是创建元件的一种方法。选中要复制的元件，右击，在弹出的快捷菜单中选择"直接复制元件"命令，之后弹出"直接复制元件"对话框，如图 10-0-3 所示。此方法主要应用于已经制作了一个元件，现在想要再制作一个类似的元件时，就可以直接复制元件。

图 10-0-2 交换元件

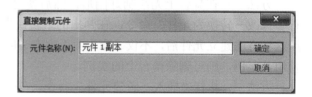

图 10-0-3 "直接复制元件"对话框

6. 图形元件

图形元件主要应用于项目中需要重复使用的静态图像，如可用来创建主时间轴的可重用动画片段。其特点是图形元件不能独立于主时间轴播放，必须放进主时间轴的帧中，这样才能显示此元件。如果想要在主时间轴上重复或循环播放图形元件，就必须在整个循环时间长度上包括一系列的帧。因为图形元件使用与主文档相同的时间轴，所以在场景中即可适时观看，可以实现所见即所得的效果。

图形元件可以设置播放方式，如图 10-0-4 所示为图形元件"属性"面板上的"循环"选项。并且可以通过指定第一帧来指示动画从该元件的哪一帧开始播放。

循环：按照当前实例占用的帧数来循环包含在该实例内的所有动画序列。

图 10-0-4 循环选项

播放一次：从指定帧开始播放动画序列直到动画结束，然后停止。

单帧：显示动画序列的一帧，指定要显示的帧。

7. 影片剪辑元件

影片剪辑元件类似于动画中的动画，可以用于独立于主时间轴运行的动画。其特点是影片剪辑元件拥有它们自己的独立于主时间轴的多帧时间轴，而且它可以包括动作、其他元件和声音，还可以放进其他元件中，如可以将影片剪辑实例放在按钮元件的时间轴内以创建动画按钮。

影片剪辑元件只需要主时间轴上的一帧就可播放自己时间轴上的任意数目的帧，而图形元件只有当主时间轴上的帧数大于等于自己时间轴上的帧数时才能完整播放。在主时间轴上无法直接播放影片剪辑元件的动画效果，但可以直接播放图形元件的动画效果。

8. 元件的混合模式

可以通过混合来使两个或两个以上的重叠对象之间复合交互，从而改变颜色或透明度来创造出独特的效果。在按钮元件和影片剪辑元件的"属性"面板中，可以在"显示"选项中的"混合"下拉列表框选择元件的混合模式，如图 10-0-5 所示。"混合"下拉列表框如图 10-0-6 所示。

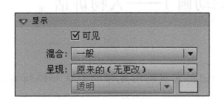

图 10-0-5　"属性"面板　　　　　　　图 10-0-6　"混合"下拉列表框

9. 元件的滤镜效果

Flash 允许对影片剪辑元件、按钮元件及文字对象添加滤镜效果，并且滤镜效果作为属性参数的一部分，可以对其添加补间动画，如图 10-0-7 所示。

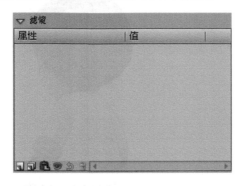

图 10-0-7　滤镜

10. 按钮元件的建立和使用

有两种建立按钮元件的方法，第一种方法是执行"插入→新建元件"命令，在弹出的"创建新元件"对话框中设置新元件的名称和类型，这样就进入元件的编辑环境中，可以在此环境中绘制所需的图形。在这种情况下，当回到主场景时，舞台上并没有该元件的实例。第二种方法是利用 Flash 自带的元件库提取所需的元件。

当新建或者修改 Flash 自带的按钮元件时，会发现这个元件上总共包括 4 种状态，分别是"弹起""指针经过""按下""点击"，如图 10-0-8 所示。

图 10-0-8　"按钮"的 4 种状态

1）弹起：指的是按钮最初状态（当鼠标移开时恢复的效果）。

2）指针经过：指的是当鼠标移到按钮上方时所显示的效果。

3）按下：指的是当鼠标单击时所显示的效果。

4）点击：指的是受感应的区域。

任务 10.1　运用图形元件绘制动画 1——人物讲话

■ 任务目的

本任务的主要目的是了解 Flash 中元件的基础知识，掌握图形元件的创建和编辑方法及循环和单帧的设置。

任务分析

"人物讲话"动画实现的是人物讲话的动画效果，如图 10-1-1 所示。人物讲话的嘴型根据不同的发音会发生变化，要求能灵活应用图形元件的循环及单帧特性。

人物讲话

图 10-1-1　"人物讲话"动画效果预览

任务实施

操作要求：要求能运用图形元件制作人物讲话效果。

技能点拨：使用图形元件制作讲话时嘴型的效果，利用图形元件的循环和单帧特性编辑讲话时的嘴型。

01 打开素材文档。打开"素材与源文件\项目 10\任务 10.1\素材\人物讲话素材.fla"，设置舞台大小为 1280×720 像素，并按【Ctrl+Shift+S】组合键，将文件另存为"人物讲话.fla"。

02 执行"插入→新建元件"命令，设置元件的类型为"图形"，命名为"讲话嘴型"，绘制第 1 帧的嘴型如图 10-1-2 所示。

03 分别在第 3 帧、第 5 帧处按【F6】键，插入关键帧，绘制第 3 帧、第 5 帧的嘴型如图 10-1-3 所示。

04 回到主场景，双击打开"库"面板中的"人物讲话"图形元件，新建图层并命名为"嘴型"，在"嘴型"图层的第 17 帧处按【F6】键插入关键帧，然后从"库"面板中将"讲话嘴型"图形元件拖出放于嘴巴位置，效果如图 10-1-4 所示。

图 10-1-2 第 1 帧嘴型　　图 10-1-3 第 3 帧嘴型及第 5 帧嘴型　　图 10-1-4 放置"讲话嘴型"

05 分别在"嘴型"图层的第 23 帧、第 49 帧、第 56 帧处按【F6】键插入关键帧，单击"嘴型"图层第 17 帧，选中舞台上的"讲话嘴型"实例，设置循环选项为"单帧"，第一帧为"5"，如图 10-1-5 所示。

图 10-1-5 嘴型第 17 帧设置

06 参考步骤 **05**，设置"嘴型"图层第 23 帧的"讲话嘴型"实例的循环选项为"循环"，第一帧为"1"。设置"嘴型"图层第 49 帧的"讲话嘴型"实例的循环选项为"单帧"，第一帧为"5"。设置"嘴型"图层第 56 帧的"讲话嘴型"实例的循环选项为"循环"，第一

帧为 "1"，如图 10-1-6 所示。

图 10-1-6　第 23 帧和第 56 帧的设置

07 在 "嘴型" 图层的第 88 帧处按【F7】键插入空白关键帧，完成讲话嘴型的设置。

08 回到主场景，将 "图层 1" 重命名为 "人物 2"，将 "库" 面板中的 "人物 2" 图形元件拖放至舞台左侧，如图 10-1-7 所示。

09 新建图层命名 "人物讲话"，将 "库" 面板中的 "人物讲话" 图形拖放至舞台，如图 10-1-8 所示。

10-1-7　人物 2　　　　　　　　图 10-1-8　人物讲话

10 测试并保存文件。按【Ctrl+Enter】组合键进行测试，然后按【Ctrl+S】组合键保存文件。

实践探索

根据学习的图形元件知识，制作 "电话来电振动" 动画，效果如图 10-1-9 所示。

图 10-1-9　"电话来电振动" 动画效果

任务 10.2　运用图形元件绘制动画 2——雨中的楼阁

任务目的

本任务的主要目的是了解 Flash 中元件的基础知识，掌握图形元件的创建和编辑方法、实例的编辑方法及循环第一帧的设置方法。

任务分析

"雨中的楼阁"实现的是下雨及水花的动画效果，如图 10-2-1 所示。下雨及水花效果采用图形元件实现，因下雨连绵不断可采用循环实现；水花错落有致，可采用不同的起始帧实现。

图 10-2-1　"雨中的楼阁"效果图

雨中的楼阁

任务实施

操作要求：要求能运用图形元件绘制出下雨和水花的效果。

技能点拨：使用图形元件制作下雨和水花的效果，利用图形元件的特性编辑属性。

01　打开"素材与源文件\项目 10\任务 10.2\素材\雨中的楼阁素材.fla"文档。

02　绘制天空。设置线性渐变（#12058B—#5C4576），绘制矩形作为天空，如图 10-2-2所示。按【F8】键将其转换为影片剪辑元件"天空"。在"属性"面板中设置色彩效果的样式为"高级"，参数如图 10-2-3 所示，效果如图 10-2-4 所示。在第 55 帧处插入普通帧。

图 10-2-2　绘制天空

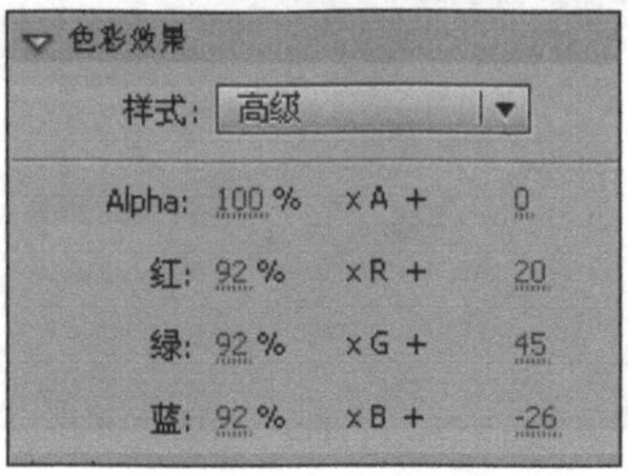

图 10-2-3　色彩效果

03　新建图层，将"路"图形元件拖到舞台，如图 10-2-5 所示。在"属性"面板中设置色彩效果的样式为"亮度"，其值为"−51%"，参数如图 10-2-6 所示，效果如图 10-2-7 所示。

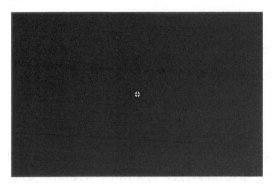

图 10-2-4　调整天空色彩

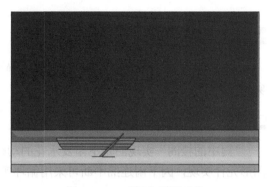

图 10-2-5　"路"图形元件

图 10-2-6　亮度设置 1

图 10-2-7　调整"路"图形元件亮度

04　新建图层，将"楼阁""其他楼阁""树"图形元件拖放至舞台，如图 10-2-8 所示，在"属性"面板中设置色彩效果的样式为"亮度"，其值为"−43%"，参数如图 10-2-9 所示，效果如图 10-2-10 所示。

05　新建图层，绘制一个白色椭圆形并将它调整为雨滴的形状，如图 10-2-11 所示。

图 10-2-8　拖动"楼阁""其他楼阁""树"图形元件到舞台

图 10-2-9　亮度设置 2

图 10-2-10　调整亮度后效果

图 10-2-11　绘制雨滴形状

06 复制雨滴并调整大小，将雨滴铺满整个画面，如图 10-2-12 所示。

图 10-2-12　复制雨滴

07 选中所有雨滴，编辑为图形元件，并命名为"雨滴"，再次转换为图形元件并命名为"下雨"，进入元件编辑状态，在第 5 帧处插入关键帧，在第 1 帧处将元件向上移动，在第 5 帧处将元件向下移动，在两帧之间创建传统补间动画，如图 10-2-13 所示。

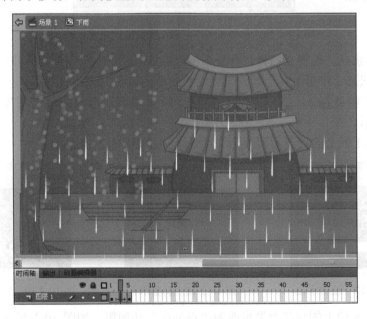

图 10-2-13　制作雨滴下落动画

08 回到主时间轴，在第 5 帧处再复制一个"下雨"图形元件，将新元件的上端位置与前一个元件重叠一些，如图 10-2-14 所示。

09 选中两个"下雨"图形元件并旋转，将元件的透明度降低一些，设置 Alpha 值为"27%"，如图 10-2-15 所示。

图 10-2-14　复制"下雨"图形元件　　　　　图 10-2-15　调整"下雨"图形元件透明度

10 测试场景，为了使画面效果更加饱满，将两个元件复制并粘贴，然后调整一下位置，如图 10-2-16 所示。

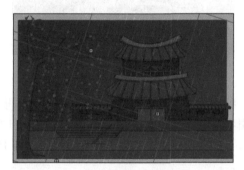

图 10-2-16　复制多个"下雨"图形元件并调整位置

11 制作水花。设置文档舞台背景颜色为黑色，新建一个图形元件并命名为"水花"，进入内部编辑状态，在第 1 帧上画一条直线并加粗，如图 10-2-17 所示。

12 第 5 帧处插入一个关键帧，将这个帧上的直线弯曲并将透明度降低一些，如图 10-2-18 所示。

13 将第 1 帧上的直线类型改为"点刻线"，如图 10-2-19 所示。

图 10-2-17　绘制水花　　　　　图 10-2-18　调整水花　　　　　图 10-2-19　修改样式 1

14 将第 5 帧上的直线类型也改为"点刻线"并加粗，如图 10-2-20 所示。在两个关键帧间创建形状补间动画。

15　选中所有补间帧，将其转换为关键帧，如图 10-2-21 所示。

16　选中所有帧及舞台上所有图形，执行"修改→形状→将线条转换为填充"命令将其转换为填充模式，如图 10-2-22 所示。

图 10-2-20　修改样式 2

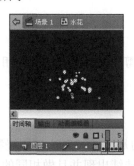

图 10-2-21　转换为关键帧

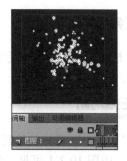

图 10-2-22　转换为填充模式

17　回到主场景，为了便于查看，先将"雨水"图层隐藏。新建图层，将"水花"图形元件拖放至舞台。为了配合雨水，降低它的透明度，并调整大小，在地面部分多复制一些"水花"，然后将各元件的启动帧都调整一下，如图 10-2-23 所示。这样溅起的水花就有一定的错落感，画面不至于很死板。

18　在楼阁的屋檐处也添加一些水花，那样效果会更真实，如图 10-2-24 所示。

图 10-2-23　拖动"水花"图形元件到舞台

图 10-2-24　在屋檐上添加水花

19　测试并保存文件。按【Ctrl+Enter】组合键进行测试，然后按【Ctrl+S】组合键保存文件。

▸实践探索◂ --

运用所学的图形元件的知识，制作"漫天飞雪"动画，效果如图 10-2-25 所示。

图 10-2-25　"漫天飞雪"动画

任务 10.3 运用影片剪辑元件绘制动画——模拟 3D 球体的旋转

■任务目的

本任务的主要目的是掌握影片剪辑元件的编辑和应用,理解影片剪辑元件和图形元件的异同。

·任务分析·

"模拟 3D 球体的旋转"实现的是 6 个 3D 小球围绕物体旋转的动画效果,如图 10-3-1 所示。由图 10-3-1 可见,6 个小球陆续出现并且做相同的运动,最后 6 个小球不断地旋转,可以判断本次动画需要用到影片剪辑元件,并且掌握"stop();"命令。

模拟 3D 球体的旋转 图 10-3-1 "模拟 3D 球体的旋转"效果图

·任务实施·

操作要求:要求能制作基本的影片剪辑元件,并将其应用在其他的影片剪辑元件中以实现特定效果。

技能点拨:在这个例子中,把一个球体的旋转作为本例最基本的影片剪辑元件,然后组织 6 个此影片剪辑元件的元件实例,存放于另一个影片剪辑元件中,来实现 6 个 3D 球体的运动。最后,还要利用图层顺序来扰乱人的视觉,以达到模拟真实空间旋转的最终效果。

01 打开"素材与源文件\项目 10\任务 10.3\素材\模拟 3D 球体的旋转素材.fla"素材文件。

02 将"图层 1"重命名为"背景",将"库"面板中的"背景.jpg"拖放至舞台,设置坐标(0,0),大小与位置刚好覆盖舞台,锁定"背景"图层,如图 10-3-2 所示。

图 10-3-2　"背景"图层

03　观察动画效果，小球绕文字进行立体旋转，将文字分为两个图层，一个在小球上方，一个在小球下方。分别命名为"文字上"和"文字下"，图层效果如图 10-3-3 所示。

图 10-3-3　图层效果

04　选择"文字下"图层，将"库"面板中的"C""O""L"拖动到舞台，排列文字。选择"文字上"图层，将"库"面板中的"O""R"拖动到舞台，排列文字，效果如图 10-3-4 所示。锁定"文字上""文字下"图层。

图 10-3-4　排列文字

05　新建图层"3D 球体"放于"文字上"和"文字下"图层之间。单击工具箱中的椭圆工具，设置笔触颜色为无，填充径向渐变（#FE8001—#A30101—#4A0000—#A30101），如图 10-3-5 所示。绘制 3D 球体，使用渐变变形工具 ![F] 调整中心点，然后将其转化为"3D 小球"图形元件，如图 10-3-6 所示。

图 10-3-5　设置渐变　　　　　　　　　　　图 10-3-6　调整渐变后小球效果

06　回到主场景，选中"3D 小球"实例，按【F8】键将其转换为"1 个 3D 球体的运动"影片剪辑元件。双击进入"1 个 3D 球体的运动"影片剪辑元件编辑状态。

07　新建"图层 2"作为引导层，绘制小球的运动轨迹，回到"图层 1"（作为被引导层），在第 60 帧处插入关键帧，创建传统补间动画，确认小球沿轨迹运动。在第 30 帧处插入关键帧，分别在第 1 帧、第 30 帧、第 60 帧处调整小球位置及大小。"时间轴"面板及第 1 帧、第 30 帧、第 60 帧的效果分别如图 10-3-7～图 10-3-10 所示。

图 10-3-7　制作引导动画

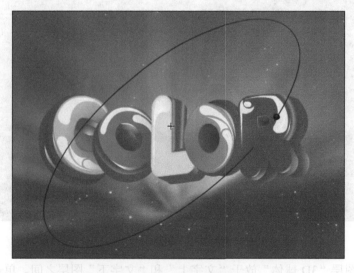

图 10-3-8　第 1 帧效果

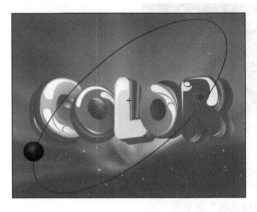

图 10-3-9　第 30 帧效果

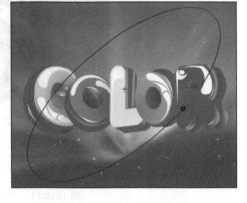

图 10-3-10　第 60 帧效果

08 回到主场景，选中"1 个 3D 球体的运动"实例，按【F8】键将其转换为"6 个 3D 球体的运动"影片剪辑元件。双击进入"6 个 3D 球体的运动"影片剪辑元件编辑状态。

09 将"图层 1"重命名为"小球 1"，新建图层分别命名为"小球 2""小球 3""小球 4""小球 5""小球 6"。选中"小球 1"图层的第 1 帧，复制帧，分别在"小球 2"第 10 帧处、"小球 3"第 20 帧处、"小球 4"第 30 帧处、"小球 5"第 40 帧处、"小球 6"第 50 帧处粘贴帧，选中所有图层的第 60 帧，插入普通帧。"时间轴"面板效果如图 10-3-11 所示。

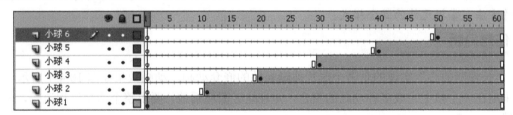

图 10-3-11　"时间轴"面板

10 新建图层并命名为"AS"，在第 60 帧处插入关键帧，右击，在弹出的快捷菜单中选择"动作"命令，在打开的"动作"面板中输入代码"stop( );"，如图 10-3-12 所示。

图 10-3-12　在第 60 帧处添加代码

11 回到主场景中，测试并保存文件。按【Ctrl+Enter】组合键进行测试，然后按【Ctrl+S】组合键保存文件。

实践探索

运用元件的知识，完成"雷达扫描系统"动画的制作，效果如图 10-3-13 所示。

图 10-3-13　"雷达扫描系统"效果图

任务 10.4　运用动画嵌套元件绘制动画——长翅膀的心

任务目的

本任务的主要目的是理解用影片剪辑元件制作动画的必要性，掌握影片剪辑元件嵌套的制作方法，掌握元件的混合模式。

任务分析

"长翅膀的心"实现的是多个影片剪辑元件的嵌套动画，动画效果如图 10-4-1 所示。动画采用在一个帧中完成多种动画的整合，并且能够循环播放，要求整个动画过程流畅，过渡自然。

长翅膀的心

图 10-4-1　"长翅膀的心"效果预览

任务实施

操作要求：要求能够完成影片剪辑的制作，并实现多种动画方式的嵌套。

技能点拨：

1）影片剪辑元件本身可以算是一个完整的 Flash 影片，它是嵌在主影片内的小影片。

2）应用影片剪辑元件可实现在一个帧中完成多种动画方式的整合。

01　打开素材文档。打开"素材与源文件\项目 10\任务 10.4\素材\长翅膀的心素材.fla"文档，设置舞台大小为 1024×590 像素，帧速率为"12fps"，并按【Ctrl+Shift+S】组合键，将文件另存为"长翅膀的心.fla"。

02　执行"插入→新建元件"命令，设置元件的类型为"影片剪辑"，命名为"背景"。新建 7 个图层，分别命名为"底图""云""草""山""树""房子""贩卖点"，然后将"库"面板中的"背景素材"元件拖放至舞台，并在舞台上排列成如图 10-4-2 所示效果。

图 10-4-2　背景元件摆放

03　选中"云"图层，单击"云"实例，按【F8】键将其转换为元件，设置元件的类型为"影片剪辑"，命名为"云动"。双击进入"云动"影片剪辑元件编辑状态，再次双击进入"云"图形元件的编辑状态，按【Ctrl+A】组合键全选"云"图形元件的内容，按住【Shift+Alt】组合键复制并平移，如图 10-4-3 所示。

图 10-4-3　复制"云"图形元件

04　回到"云动"影片剪辑元件，在第 400 帧处按【F6】键插入关键帧，按住【Shift】键，向右平移"云"实例，使舞台上云的内容与第 1 帧一致，在第 1～400 帧创建传统补间动画，效果如图 10-4-4 所示。

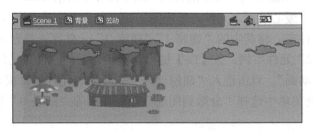

图 10-4-4　云动第 400 帧的内容

05 回到主场景，将"图层1"重命名为"背景"，然后将"库"面板中的"背景"影片剪辑元件拖放至舞台正中央，如图10-4-5所示。

06 新建图层并命名为"波浪"，在"库"面板中单击"波浪素材"文件夹，将其中的"一排波浪"元件拖入舞台下方，单击"一排波浪"实例，按【F8】键将其转换为元件，设置元件的类型为"影片剪辑"，命名为"波浪动"。双击进入"波浪动"影片剪辑元件编辑状态，将"图层1"重命名为"波浪1"，右击"波浪1"图层，在弹出的快捷菜单中选择"复制图层"命令，重复此操作得到两个图层分别命名为"波浪2""波浪3"，向上移动"波浪2""波浪3"图层的元件实例，如图10-4-6所示。

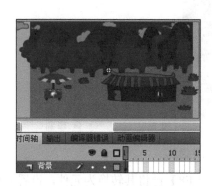

图10-4-5 "背景"图层

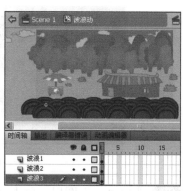

图10-4-6 波浪位置

07 选中"波浪2"图层的元件实例，设置色彩效果属性，样式选择"高级"，红85%，绿85%，蓝85%，如图10-4-7所示。同样选中"波浪3"图层的元件实例，设置色彩效果属性，样式选择"高级"，红72%，绿72%，蓝72%。

图10-4-7 波浪色彩设置

08 分别在3个图层的第12帧、第24帧处按【F6】键插入关键帧，修改第12帧中的元件，将"波浪1""波浪3"图层上的元件实例向下移动，将"波浪2"图层的元件实例向上移动，如图10-4-8所示。第24帧不修改，维持第1帧的设置。分别在3个图层的第1~12帧、第12~24帧创建传统补间动画。

09 回到主场景，新建图层并命名为"爱心"，在"库"面板中单击"爱心素材"文件夹，将其中的"爱心底图"元件拖入舞台，选中"爱心底图"实例，按【F8】键将其转换为元件，设置元件的类型为"影片剪辑"，命名为"爱心动画"。双击进入"爱心动画"影片剪辑元件编辑状态，将"图层1"重命名为"爱心底图"，如图10-4-9所示。

10 继续编辑"爱心动画"元件，新建图层并命名为"翅膀动画"，在"库"面板中单击"爱心素材"文件夹，将其中的"翅膀1""翅膀2"元件拖入舞台并放于爱心两侧，选中"翅膀1""翅膀2"元件实例，按【F8】键将其转换为元件，设置元件的类型为"影片剪辑"，命名为"翅膀动画"。双击进入"翅膀动画"影片剪辑元件编辑状态，选中两个翅膀，右击，在弹出的快捷菜单中选择"分散到图层"命令，删除"图层1"图层，如图10-4-10所示。

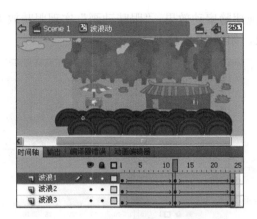

图 10-4-8 波浪动元件第 12 帧效果

图 10-4-9 爱心底图

11 按【Q】键分别将"翅膀 1""翅膀 2"元件的变形点调整至翅膀根部，分别在"翅膀 1""翅膀 2"图层的第 12 帧、第 24 帧处按【F6】键插入关键帧，将"翅膀 1""翅膀 2"向上旋转，如图 10-4-11 所示。第 24 帧不修改，维持第 1 帧的设置。分别在两个图层的第 1～12帧、第 12～24 帧创建传统补间动画。

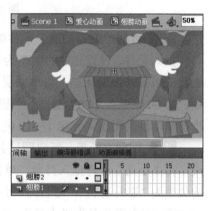

图 10-4-10 翅膀动画第 1 帧

12 返回"爱心动画"元件编辑状态，新建图层并命名为"小爱心"，将"库"面板中的"小爱心"元件拖入放于爱心屋，选中"小爱心"元件实例，按【F8】键将其转换为元件，设置元件的类型为"影片剪辑"，命名为"小爱心动画"。双击进入"小爱心动画"影片剪辑元件编辑状态，将"图层 1"重命名为"小爱心"，新建 3 个图层，分别命名为"眼睛""嘴巴""翅膀"，在"库"面板中单击"爱心素材"文件夹，分别将其中的"眼睛""嘴巴""翅膀 1""翅膀 2"元件拖入，如图 10-4-12 所示。

图 10-4-11 翅膀动画第 12 帧

图 10-4-12 小爱心动画

13 参考步骤 **10**、步骤 **11**，制作"小爱心动画"元件内部的"小翅膀动画""眼睛动画""嘴巴动画",其中"小翅膀动画"实现翅膀扇动效果,"眼睛动画"实现眼睛放大缩小效果,"嘴巴动画"实现嘴巴放大缩小效果,如图 10-4-13 所示。

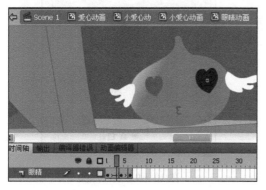 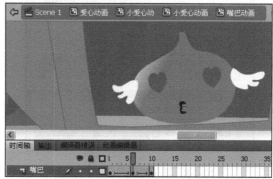

图 10-4-13　眼睛动画及嘴巴动画

14 返回"爱心动画"元件编辑状态,选择"小爱心动画"元件实例,按【F8】键将其转换为元件,设置元件的类型为"影片剪辑",命名为"小爱心动"。双击进入"小爱心动"影片剪辑元件编辑状态,将"图层 1"重命名为"小爱心",分别在"小爱心"图层的第 10帧、第 20 帧处按【F6】键插入关键帧,将第 10 帧中的元件实例向上移动,第 20 帧不修改,维持第 1 帧的设置。在第 1～10 帧、第 10～20 帧创建传统补间动画,如图 10-4-14 所示。

15 回到主场景,新建图层并命名为"小鸟",在"库"面板中单击"小鸟素材"文件夹,将"小鸟"元件拖入舞台,单击"小鸟"实例,按【F8】键将其转换为元件,设置元件的类型为"影片剪辑",命名为"小鸟唱歌"。双击进入"小鸟唱歌"影片剪辑元件编辑状态,将"图层 1"重命名为"小鸟",新建图层命名为"吉他",将"吉他"图层置于"小鸟"图层下方,在"库"面板单击"小鸟素材"文件夹,将"吉他"元件拖入舞台,如图 10-4-15所示。

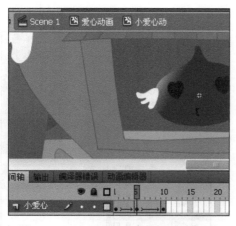 

图 10-4-14　"小爱心动"影片剪辑元件　　　　　图 10-4-15　元件位置

16 继续编辑"小鸟唱歌"元件,新建图层并命名为"音符",在"库"面板单击"小鸟素材"文件夹,分别将"音符 1""音符 2""音符 3"元件拖入舞台,全选"音符"图层上的元件实例,按【F8】键将其转换为元件,设置元件的类型为"影片剪辑",命名为"音符动"。双击进入"音符动"影片剪辑元件编辑状态,全选音符,右击,在弹出的快捷菜单中选择"分散到图层"命令,删除"图层 1"图层,如图 10-4-16 所示。

图 10-4-16 音符位置

17 继续编辑"音符动"元件,分别在 3 个图层的第 24 帧处按【F6】键插入关键帧,将 3 个元件实例向右上方移动并设置透明度为 0,分别在 3 个图层的第 1~24 帧创建传统补间动画,如图 10-4-17 所示。

18 返回"小鸟唱歌"元件,右击"音符"图层,在弹出的快捷菜单中选择"复制图层"命令,将新建的图层重命名为"音符反",选择"音符反"图层上的元件实例,执行"修改→变形→水平翻转"命令,并稍微移动位置,如图 10-4-18 所示。

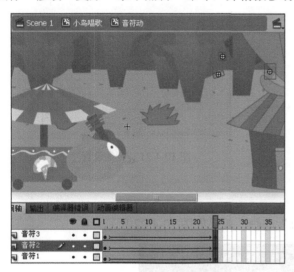

图 10-4-17 音符第 24 帧的位置

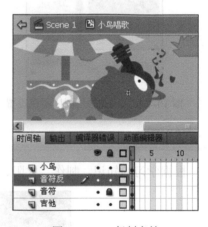

图 10-4-18 复制音符

19 回到主场景。新建图层并命名"羊皮纸",将"库"面板中的"image 61"图片拖放至舞台正中央,按【F8】键将其转换为影片剪辑元件,命名为"羊皮纸",设置 Alpha 值为"70%",混合模式为"叠加",如图 10-4-19 所示。

20 新建图层并命名为"光影",绘制一个径向渐变的矩形,颜色设置如图 10-4-20 所示。选中矩形,按【F8】键将其转换为图形元件,命名为"光影",设置 Alpha 值为"70%"。

21 新建图层并命名为"声音",单击"声音"图层的第 1 帧,在"属性"面板中的"名称"下拉列表框中选择"streamsound 0"声音文件,"同步"方式设置为"事件""循环",如图 10-4-21 所示。

22 测试并保存文件。按【Ctrl+Enter】组合键测试动画，然后按【Ctrl+S】组合键保存文件。

图 10-4-19 "羊皮纸"图层

图 10-4-20 "光影"图层颜色设置   图 10-4-21 声音设置

实践探索

根据学习的知识，制作"太阳、云海"动画，效果如图 10-4-22 所示。

图 10-4-22 "太阳、云海"动画效果

任务 10.5　运用按钮元件绘制动画——发音的字母表

任务目的

本任务的主要目的是掌握 Flash 按钮元件的创建和使用方法，理解按钮元件的 4 种状态。

任务分析

"发音的字母表"实现的是鼠标经过字母位置的时候，字母变色并发出对应的读音，如图 10-5-1 所示。要求理解按钮的 4 个状态。

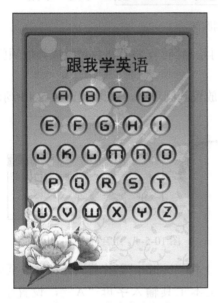

图 10-5-1　发音的字母表

发音的字母表

任务实施

操作要求：要求能创建水晶按钮元件，理解按钮的 4 个帧分别代表的含义，并结合声音的知识实现字符与发音的对位。

技能点拨：使用绘图工具绘制按钮，编辑按钮的 4 个状态，并在指针经过时发出声音。

01 安装字体。将"digifacewide.ttf"字体复制到"C:\Windows\Fonts"目录下（由于该动画运用到特殊的字体，所以需要从网络上下载字体并安装到计算机中）。

02 新建文档。按【Ctrl+F8】组合键，新建影片剪辑元件"bottom"。

03 将影片剪辑元件的图层 1 命名为"圆环"，绘制一个圆环，填充径向渐变，如图 10-5-2 所示。

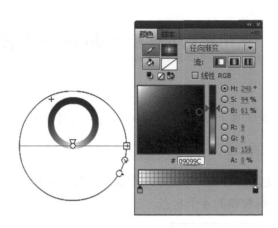

图 10-5-2　绘制圆环

04 新建图层，并命名为"高光"，在该层上再绘制椭圆，将背景色调整成其他颜色（非白色），填充渐变色，如图 10-5-3 所示。

05 将两个椭圆进行组合，再将两个椭圆形放置到圆环中，效果如图 10-5-4 所示。

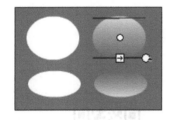

图 10-5-3　制作"高光"

图 10-5-4　组合椭圆

06 新建按钮，命名为"btn"，在其图层 1 上将"bottom"影片剪辑元件拖放至舞台。

07 新建图层，并命名为"text"，使用文本工具输入字母"A"，设置字体为"DigifaceWide"，调整字体大小，设置文字颜色为蓝色，如图 10-5-5 所示。

08 分别在两个图层"指针经过"状态帧处按【F6】键插入关键帧，选中整个按钮元件，按【Ctrl+T】组合键，将文字缩小为 80%，将文字颜色变成红色，如图 10-5-6 所示。

图 10-5-5　输入字母"A"

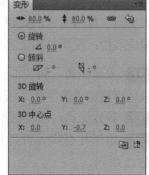

图 10-5-6　"指针经过"关键帧

09 新建图层，并命名为"sound"，在"指针经过"状态帧处插入关键帧，如图 10-5-7 所示，导入声音素材"A.mp3"，将声音从"库"面板中拖到舞台上。

10 参考步骤 **06** ～步骤 **09** ，完成"学字母发音"课件，如图 10-5-8 所示。（提示：运用直接复制元件方法）

图 10-5-7 导入声音

图 10-5-8 "学字母发音"课件

11 测试并保存文件。按【Ctrl+Enter】组合键进行测试，然后按【Ctrl+S】组合键保存文件。

实践探索

综合运用 Flash 的绘图、简单动画和交互按钮功能，制作一个"卡通风格按钮"动画。其参考效果如图 10-5-9 所示。

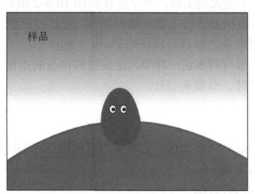

图 10-5-9 "卡通风格按钮"动画效果

任务 10.6　实战演练——MTV 设计

任务目的

本任务的主要目的是了解 Flash MTV 的制作过程,掌握 MTV 的制作方法。

任务分析

"MTV 设计"实现的是为"Good Morning"音乐设计 MTV,如图 10-6-1 所示。要求综合应用元件的知识制作 MTV,伴随着音乐同步出现歌词和画面。

制作 MTV

图 10-6-1　"Good Morning"MTV

相关知识

1. MTV 的制作流程

制作 MTV 作品是一个庞大的工程,整个过程如图 10-6-2 所示。制作一个好的 MTV 作品首先要选好音乐,然后根据音乐的主题来编写剧本,设计好剧情之后再搜集相关的图片资料,做好前期的动画素材准备之后就可以使用 Flash 来制作作品了。在整个过程中前期的准备显得尤为重要,特别是编写剧本这一环节,这关系到作品的质量。动画设计包括故事情节设计、造型设计、场景设计、分镜头设计。

2. 词曲同步

为了让音乐和相应的歌词同时出现,就需要知道这段音乐的时长,占用的帧数,并且要知道哪一帧出现了相应的歌词。

(1)查看音乐长度的两种方法

方法一:选中"音乐"图层上最后一帧,"时间轴"面板上就会显示音乐的总帧数和时间,如图 10-6-3 所示。

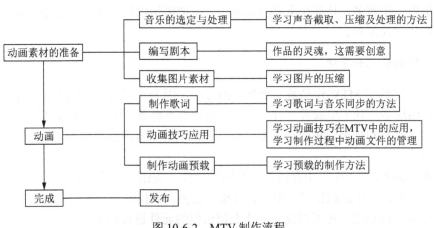

图 10-6-2 MTV 制作流程

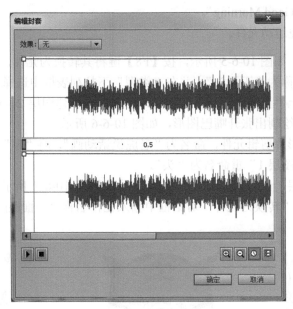

图 10-6-3 "时间轴"面板

方法二：选中"音乐"图层，单击"属性"面板上的"编辑声音封套"按钮，弹出"编辑封套"对话框，如图 10-6-4 所示，单击最右边的"帧"按钮，可以让音乐以帧显示，拖动到音乐结束处，就可以看到音乐所占的总帧数。如果单击"秒"按钮，可以查看音乐的总时间长度。

图 10-6-4 "编辑封套"对话框

（2）音乐与歌词同时出现的方法

在制作"字幕"元件的时候，是通过人为记录每句歌词出现的帧数，在这些帧插入关键帧，修改字幕的内容来完成。对于比较长的音乐，由于歌词比较多，采用这种方法就会显得笨拙。如果歌词比较多，且存在重复的歌词，一般把每句歌词做成一个元件。显然，重复的歌词只需制作一次即可。

3. MTV 的优化和管理

制作一部完整的 MTV 作品是一个艰辛的过程，因为一部 MTV 作品中少则几千帧，多则上万帧，图层多达几十层或者上百层，素材更是数不胜数。如果不养成良好的文件管理习惯，不仅浪费时间和精力，还会有很多麻烦。下面从两个方面来说明 MTV 制作过程中文件管理的技巧。

1）"库"的管理。"库"中存储着各类图形元件、按钮、影片剪辑、位图、音乐、视频等动画制作素材，在作品制作过程中，元件越来越多，查找困难。在制作过程中要及时将做错的或无用的素材删除。还可以建立文件夹把相似的元件进行归类。

2）"图层"的管理。"图层"用于组织和控制动画，在制作 MTV 作品时要不断地添加图层，可以创建图层文件夹，把图层按功能分类，这样可以大大提高制作动画的效率，使动画简洁，可读性好。

任务实施

操作要求：要求能制作 MTV，画面流畅，词曲同步。

技能点拨：本项目伴随着音乐同步出现歌词和画面，整个影片综合应用了元件的知识。

1）新建一个文档，设置背景色为白色，文档大小为 550×400 像素，帧速率为"12fps"，保存文档，命名为"Good Morning"。

2）制作正面老虎运动元件。

01 绘制头部，如图 10-6-5 所示，按【F8】键将其转换为元件，在弹出的"转换为元件"对话框中输入名称为"正面头"，并在"类型"下拉列表框中选择"图形"类型。

02 双击舞台上"正面头"元件实例进入工作区，新建图层 2，选中第 5 帧按【F7】键插入空白关键帧，绘制出张开嘴巴图形，如图 10-6-6 所示。

03 新建一个影片剪辑元件，命名为"老虎说话动画"，将"库"面板中"正面头"元件拖入舞台，并把"图层 1"重命名为"头"。

04 插入新图层，命名为"眼睛"，绘制眼睛，如图 10-6-7 所示，按【F8】键将其转换为元件，在弹出的"转换为元件"对话框中输入元件名称"正面眼睛"，并选择"图形"类型。

图 10-6-5　绘制头部　　　　图 10-6-6　绘制嘴巴张开效果　　　　图 10-6-7　绘制眼睛

05　双击进入"正面眼睛"元件实例工作区，把眼珠和眼眶分成两个图层，将眼眶被删除的部分填充成黑色，选中"眼珠"图层的第 7 帧，按【F6】插入关键帧，把眼珠移到眼眶的右下角，选中第 11 帧插入关键帧，将眼珠移到眼眶的右上角，并延伸到第 19 帧，如图 10-6-8 所示。

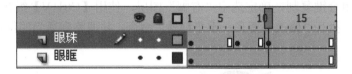

图 10-6-8　"正面眼睛"的"时间轴"面板

06　返回到"老虎说话动画"元件工作区，选中左边眼睛，按住【Alt】键并用鼠标将左边眼睛拖动到右边，复制出右眼睛，如图 10-6-9 所示。

07　插入新图层，命名为"身体"，放在"头"图层的下方，绘制身体，如图 10-6-10 所示，按【F8】键将其转换为元件，在弹出的"转换为元件"对话框中输入名称"正面身体"，并选择"图形"类型。

图 10-6-9　复制眼睛

图 10-6-10　绘制身体

08　插入新图层，命名为"左手"，并将其放在"身体"图层下方，绘制左手，如图 10-6-11 所示，按【F8】键，将其转换为元件，在弹出的"转换为元件"对话框中输入名称"正面手"，并选择"图形"类型。

09　插入新图层，命名为"右手"，并将其放在"左手"图层下面，在舞台上选中左手，使用【Ctrl+C】组合键复制，确定选中"右手"图层，使用【Ctrl +V】组合键粘贴到当前位置，复制出右手。执行"修改→变形→水平翻转"命令，并调整至适当的位置，如图 10-6-12 所示。

图 10-6-11　绘制左手

图 10-6-12　制作右手

10 插入新图层，命名为"左脚"，并将其放在"右手"图层下方，绘制左脚，如图 10-6-13 所示，按【F8】键，将其转换为元件，在弹出的"转换为元件"对话框中输入名称"正面脚"，并选择"图形"类型。

11 插入新图层，命名为"右脚"，并将其放在"左脚"图层下方，在舞台上选中左脚，使用【Ctrl+C】组合键复制，确定选中"右脚"图层，使用【Ctrl+V】组合键粘贴到当前位置，复制出右脚。执行"修改→变形→水平翻转"命令，并调整到适当的位置，如图 10-6-14 所示。

图 10-6-13 绘制左脚   图 10-6-14 制作右脚

12 插入新图层，命名为"胡须"，并将其放在图层最上方，使用线条工具 【N】在嘴巴的左右两边各绘制 3 根胡须，如图 10-6-15 所示。

13 插入新图层，命名为"尾巴"，并将其放在"右脚"图层下方，效果如图 10-6-16 所示。

图 10-6-15 绘制胡须   图 10-6-16 绘制尾巴

14 新建一个图层，命名为"阴影"，在图层最底端绘制阴影，最终效果如图 10-6-17 所示。选中所有图层的第 10 帧，按【F5】键插入普通帧。

图 10-6-17 绘制阴影

3）制作多只老虎唱歌情形元件。

01 打开"库"面板，单击面板下方的"新建文件夹"按钮，将文件夹命名为"多只老虎唱歌情形"。选中"正面说话动画"文件夹，右击，在弹出的快捷菜单中选择"复制"命令，选中"多只老虎唱歌情形"文件夹，右击，在弹出的快捷菜单中选择"粘贴"命令，单击"多只老虎唱歌情形"文件夹中"正面说话动画"文件夹的第一个元件，按住【Shift】键选中最后一个元件，将其拖到"多只老虎唱歌情形"的目录下，删除"正面说话动画"文件夹。将"老虎说话动画"影片剪辑元件重命名为"老虎唱歌动画"。将"正面脚"图形元件重命名为"脚"。

02 进入"老虎唱歌动画"元件工作区，选中"时间轴"面板上的"左手"图层第 1 帧，对准舞台上的"左手"部分双击，进入"正面手"元件工作区；选中第 2 帧，按【F7】键插入空白关键帧，单击"时间轴"面板下方的"绘图纸外观"按钮，绘制出"正面手"第 2 帧的形状，如图 10-6-18 所示。

03 返回"老虎唱歌动画"影片剪辑元件工作区，双击舞台上的"左脚"，进入"脚"元件工作区，在第 2 帧处按【F7】键插入空白关键帧，单击"时间轴"面板下方的"绘图纸外观"按钮。绘制"脚"第 2 帧处的图形，如图 10-6-19 所示。

图 10-6-18　调整形状　　　　　　　　图 10-6-19　绘制左脚第 2 帧处的图形

04 在第 3 帧处按【F7】键，插入空白关键帧，单击"时间轴"面板下方的"绘图纸外观"按钮。按同样的方法绘制出第 3 帧脚的图形，如图 10-6-20 所示。

05 返回"老虎唱歌动画"影片剪辑元件工作区，分别选中第 1 帧处舞台上的左、右脚，打开"属性"面板，将播放属性设为"单帧"，"第一帧"为 1。分别选中第 1 帧处舞台上的左、右手，打开"属性"面板，将播放属性设为"单帧"，"第一帧"为 2。并调整好左、右手的位置，效果如图 10-6-21 所示。

图 10-6-20　第 3 帧脚的图形　　　　　图 10-6-21　调整第 1 帧老虎的动作

06 选中"胡须"图层至"阴影"图层之间的所有图层的第 3 帧，按【F6】键插入关键帧。将"右脚"的第 3 帧属性设为"单帧"，"第一帧"为 2，将"右手"的第 3 帧处的属性设为"单帧"，"第一帧"为 1。左手和左脚不变，并调整好位置，效果如图 10-6-22 所示。

07 选中"胡须"层至"阴影"层之间的所有图层的第 5 帧，按【F6】键插入关键帧。选中"右手"层的第 1 帧，右击，在弹出的快捷菜单中选择"复制帧"命令，选中第 5 帧，右击，在弹出的快捷菜单中选择"粘贴帧"命令。将"右脚"第 5 帧处属性设为"单帧"，"第一帧"为 3，并调整脚的位置，效果如图 10-6-23 所示。

图 10-6-22　调整第 3 帧老虎的动作　　　　图 10-6-23　调整第 5 帧老虎的动作

08 选中"胡须"图层至"阴影"图层之间的所有图层的第 7 帧，按【F6】键插入关键帧。选中"右脚"的第 1 帧，右击，在弹出的快捷菜单中选择"复制帧"命令，选中第 7 帧，右击，在弹出的快捷菜单中选择"粘贴帧"命令，效果如图 10-6-24 所示。

09 选中"胡须"图层至"阴影"图层之间的所有图层的第 9 帧，按【F6】键插入关键帧。将"左脚"的第 9 帧处属性设为"单帧"，"第一帧"为 2，将"左手"的第 9 帧处属性设为"单帧"，"第一帧"为 1。效果如图 10-6-25 所示。

图 10-6-24　调整第 7 帧老虎的动作　　　　图 10-6-25　调整第 9 帧老虎的动作

10 选中"胡须"图层至"阴影"图层之间的所有图层的第 11 帧，按【F6】键插入关键帧。将"左脚"的第 11 帧处属性设为"单帧"，"第一帧"为 3，将"左手"的第 11 帧处属性设为"单帧"，"第一帧"为 2。效果如图 10-6-26 所示。

11 选中"胡须"图层至"阴影"图层之间的所有图层的第 13 帧，按【F6】键插入关键帧。复制"右脚"第 1 帧，到第 13 帧处粘贴，将"左手"的第 13 帧处属性设为"单帧"，"第一帧"为 2，如图 10-6-27 所示。选中"胡须"图层至"阴影"图层之间的所有图层的第 14 帧，按【F5】键插入帧。

12 使用【Ctrl+F8】组合键，在弹出的"创建新元件"对话框中输入元件名称"老虎唱歌集合"，并选择"影片剪辑"类型，然后单击"确定"按钮进入元件工作区。

图 10-6-26　调整第 11 帧老虎的动作　　　　图 10-6-27　调整第 13 帧老虎的动作

13 使用【Ctrl+L】组合键，打开"库"面板，将"老虎唱歌动画"影片剪辑元件拖放至舞台，按照拖动复制的方法在同一水平线上复制出 4 只老虎，如图 10-6-28 所示。

图 10-6-28　复制老虎

14 使用【Ctrl+F8】组合键，在弹出的"创建新元件"对话框中输入元件名称"老虎唱歌总合"，并选择"影片剪辑"类型，然后单击"确定"按钮进入元件工作区。

15 使用【Ctrl+L】组合键，打开"库"面板将"老虎唱歌集合"的影片剪辑元件拖入舞台。新建"图层 2"，将拖进来的元件复制一个给"图层 2"，两排交叉排列，如图 10-6-29 所示。

图 10-6-29　继续复制老虎

16 按住【Shift】键，分别选中"图层 1"和"图层 2"的第 55 帧，按【F6】键插入关键帧，选中"图层 1"第 55 帧，将舞台上的元件水平左移。选中"图层 2"第 55 帧，将舞台上的元件水平右移，如图 10-6-30 所示。

17 按【Shift】键，分别选中"图层 1"和"图层 2"的第 101 帧，按【F6】键插入关键帧。选中"图层 1"的第 1 帧，右击，在弹出的快捷菜单中选择"复制帧"命令，选中第 101 帧右击，在弹出的快捷菜单中选择"粘贴帧"命令，按照此方法编辑"图层 2"中的第

101 帧。在每个图层的第 1～55 帧、第 55～101 帧创建补间动画。

图 10-6-30　调整第 55 帧老虎位置

4）制作场景。

01 回到主场景，将"图层 1"重命名为"背景"。

02 执行"文件→导入→导入到舞台"命令，选择本案例对应的素材文件夹中的背景图片文件"image 1.jpg"，然后单击"打开"按钮。调整图片位置和大小并按【F8】键，在弹出的"转换为元件"对话框中输入名称为"场景 1"，并选择"图形"类型。

03 插入新图层，命名为"声音"。执行"文件→导入→导入到库"命令，选择本案例对应的素材文件夹中的音乐文件"声音.wav"，然后单击"打开"按钮。将"库"面板中的声音拖放到舞台，设置"同步"属性为"数据流"，如图 10-6-31 所示。单击"编辑声音封套"按钮，单击"帧"按钮，确认声音长度为 226 帧，如图 10-6-32 所示。选中所有图层的第 226帧，插入普通帧。按【Enter】键测试声音。

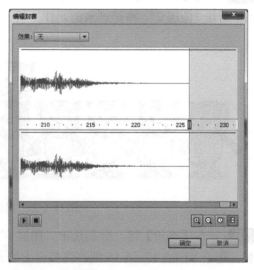

图 10-6-31　设置"同步"属性　　　　　　　图 10-6-32　编辑封套

04 在"背景"图层上方插入新图层，命名为"字幕"，使用文本工具，设置字体系列为"Comic Sans MS"，大小为"45 点"，颜色为橘色（#FF6600），如图 10-6-33 所示，输入文本"Good Morning"，按【F8】键，在弹出的"转换为元件"对话框中输入名称为"歌名"，并选择"图形"类型。双击进入"歌名"元件，复制图层，设计字体颜色为橘黄色（#FFCC00），稍微移动文字位置，制作立体效果，如图 10-6-34 所示。根据"音乐"效果，分别在第 30 帧和第 45 帧处插入关键帧，并设置第 45 帧上 Alpha 值为"0"，在第 30～45 帧创建补间动画。在第 46 帧处插入空白关键帧。

图 10-6-33　设置字符属性　　　　　　　　　　图 10-6-34　文字效果

05　根据"音乐"效果，在第 60 帧出现第 1 句歌词，在第 60 帧处插入关键帧，使用文本工具，设置字体系列为"(方正大黑简体)系统默认字体"，大小为"30 点"，颜色为黑色（#000000），输入歌词文本"Good morning to you."，如图 10-6-35 所示，因本首歌都是使用这句歌词，按【F8】键，在弹出的"转换为元件"对话框中输入名称为"歌词"，并选择"图形"类型。分别在第 99 帧、第 140 帧、第 180 帧处插入关键帧作为第 2 句、第 3 句、第 4 句歌词，因歌词和歌词之间是有间隔的，分别在第 94 帧、第 134 帧、第 173 帧处插入空白关键帧。

图 10-6-35　制作"歌词"图形元件

06　在"背景"图层上方插入新图层作为第一句歌词动画，命名为"1"，在第 45 帧处插入关键帧，打开"库"面板，把"正面说话动画"文件夹中的"老虎说话动画"影片剪辑元件拖入舞台。使用任意变形工具（Q】顺时针旋转 30°左右，在舞台上选中此元件向下移，如图 10-6-36 所示。选中第 62 帧，按【F6】键插入关键帧，将元件向上移，如图 10-6-37 所示。选中第 93 帧、第 101 帧，按【F6】键插入关键帧，选中第 101 帧，将"老虎说话动画"元件实例移到舞台外。选中第 102 帧，按【F7】键插入空白关键帧。在第 45～62 帧、第 93～101 帧中任选一帧，右击，在弹出的快捷菜单中选择"创建传统补间动画"命令。

图 10-6-36　第 45 帧　　　　　　　　　　图 10-6-37　第 62 帧

07 插入新图层，命名为"2"，选中第 93 帧，按【F6】键插入关键帧，拖入"老虎说话动画"影片剪辑元件，使用任意变形工具 【Q】逆时针旋转一定角度，并将其移出舞台，在第 101 帧处按【F6】键插入关键帧，然后将其移入舞台，如图 10-6-38 所示。选中第 130 帧和第 139 帧，按【F6】键插入关键帧，选中第 139 帧，将老虎缩小，将"属性"面板打开，设置"色彩效果"样式为"Alpha"，并设置其值为"0"，如图 10-6-39 所示。选中第 140 帧，按【F7】键插入空白关键帧。在第 93～101 帧、第 130～139 帧中任选一帧，右击，在弹出的快捷菜单中选择"创建传统补间"命令。

图 10-6-38　第 101 帧

图 10-6-39　第 139 帧

08 插入新图层并命名为"3"，选中第 139 帧，按【F6】键插入关键帧，拖入"老虎唱歌总合"影片剪辑元件，如图 10-6-40 所示。

图 10-6-40　拖入"老虎唱歌总合"影片剪辑元件

09 测试并保存文件。按【Ctrl+Enter】组合键进行测试，然后按【Ctrl+S】组合键保存文件。

实践探索

运用所学知识制作一个 MTV 动画。

项目 11

ActionScript 3.0 交互动画

ActionScript 是一种基于 ECMAScript 的编程语言，可用来编写 Adobe Flash 影片和应用程序。ActionScript 3.0 进一步增强了构建效果和画面的 Web 应用程序所需要的功能，简化开发的过程，更适合开发复杂的 Web 应用程序。ActionScript 3.0 在 Flash Play 9 以上的版本中才能运行。

通过本项目的学习，可以使读者掌握基本的交互动画，会简单应用程序的开发。

学习目标

了解 ActionScript 的特点及常用元素。

掌握简单的交互控制的方法。

掌握常用属性的控制。

掌握条件、循环语句的使用。

项 目 引 导

ActionScript 语法是 ActionScript 编程中重要环节之一，它相对于其他一些专业程序语言来说较为简单，ActionScript 动作脚本具有语法和标点规则，这些规则可以确定哪些字符和单词能够用来创建含义及编写它们的顺序。

1. 点运算符（.）语法

Flash 中使用点运算符来访问对象的属性和方法，点运算符主要用于以下几方面。

1）可以采用对象后面跟点运算符的属性名称（方法）来引用对象的属性（方法）。

2）可以采用点运算符表示包路径。

3）可以使用点运算符描述显示对象的路径。

2. 标点符号使用

Flash ActionScript 中的标点符号只能使用英文标点。

1）分号（;）：ActionScript 语句用分号字符表示语句结束。

2）逗号（,）：逗号主要用于分割参数。

3）冒号（:）：冒号主要用于为变量指定数据类型。

4）小括号（()）：小括号有 3 方面的用途：在数学运算中改变运算顺序、在表达式运算中和逗号一起用于优先计算一系列表达式的结果并返回最后一个表达式的结果。

5）中括号（[]）：中括号主要用于数组的定义和访问。

6）大括号（{}）：大括号主要用于编辑语言程序控制、函数和类中。

7）斜杠（/）：单斜杠为单行注释，双斜杠为多行注释，注释语句在编译过程中并不执行。

3. 关键字和保留字

保留字，顾名思义是保留给 ActionScript 3.0 语言使用的英文单词，因而不能使用这些单词作为变量、实例、类名称。如果在代码中使用了这些单词，编译器会报错。

4. 事件侦听器

事件侦听器是事件的处理者，负责接收事件携带的信息，并在接收该事件之后，执行事件处理函数体内的代码。添加事件侦听的过程有两步：第一步是使用 addEventListener( )方法在事件目标或任何的显示对象上注册侦听器函数；第二步是创建一个事件侦听函数。

（1）创建事件侦听器

事件侦听器必须是函数类型，可以是一个自定义的函数，也可以是实例的一个方法。创建侦听器的语法格式如下。

```
function 侦听器名称(evt:事件类型):void{…}
```

其中，侦听器名称表示要定义的事件侦听器的名称，命名须符合变量命名规则。

evt 表示事件侦听器参数，必须要有。

事件类型表示 Event 类实例或其子类的实例。

void 表示返回值必须为空，不可省略。

（2）管理事件侦听器

在 ActionScript 3.0 使用 EventDispatcher 接口的方法来管理侦听器函数，主要用于注册、检查和删除事件侦听器：

注册事件侦听器：addEventListener( )函数用来注册事件侦听函数，格式如下。

事件发送者.addEventListener(事件类型,侦听器);

删除事件侦听器：removeEventListener( )函数用来删除事件侦听器函数，格式如下。

事件发送者.removeEventListener(事件类型,侦听器);

检查事件侦听器：hasEventListener( )方法和 willTragger( )方法，都可以用来检测当前的事件发送者注册了何种事件类型的侦听器，格式如下。

事件发送者.hasEventListener(事件类型,侦听器);

5. Event 子类

对于很多事件来说，使用 Event 类的一组属性就已经足够，但是 Event 类中的属性无法捕获其他事件具有的独特特性，如鼠标的单击事件、键盘的输入事件等。ActionScript 3.0 的应用程序接口特意为这些具有明显特征的事件准备了 Event 类的几个子类。这些子类主要包括鼠标类（MouseEvent）、键盘类（KeyBoardEvent）、时间类（TimeEvent）、文本类（TextEvent）。

6. 鼠标类事件

ActionScript 3.0 使用单一事件模式来管理事件，所有的事件都位于 flash.events 包内，其中构建了 20 多个 Event 类的子类，用来管理相关的事件类型。常用的有鼠标事件（MouseEvent）类型、键盘事件（KeyboardEvent）类型、时间事件（TimerEvent）类型和帧循环（ENTER_FRAME）事件。

在 ActionSction 3.0 中统一使用 MouseEvent 类来管理鼠标事件，在使用过程中，无论是按钮还是影片事件，统一使用 addEventListener 注册鼠标事件。此外，若在类中定义鼠标事件，则需要先引入（import）flash.evnets.MouseEvent 类。

10 种常见的鼠标事件。

CLICK：定义鼠标单击事件。

DOUBLE_CLICK：定义鼠标双击事件。

MOUSE_DOWN：定义鼠标按下事件。

MOUSE_MOVE：定义鼠标移动事件。

MOUSE_OUT：定义鼠标移出事件。

MOUSE_OVER：定义鼠标移过事件。

MOUSE_UP：定义鼠标提起事件。

MOUSE_WHEEL：定义鼠标滚轴触发事件。

ROLL_OVER：定义鼠标滑入事件。

ROLL_OUT：定义鼠标滑出事件。

7. 控制动画影片与帧的播放动作

相关常见函数如表 11-0-1 所示。

表 11-0-1　相关常见函数

名称	说明
play()	从当前帧开始播放动画影片文件
stop()	停止目前正在播放的动画影片文件
gotoAndPlay(帧编号，场景名称)	跳转到指定的场景中的指定帧，然后开始播放；可以无"场景名称"，表示当前场景
gotoAndStop(帧编号，场景名称)	跳转到指定的场景中的指定帧，停止在该帧；可以无"场景名称"，表示当前场景
prevFrame()	回到前一帧
nextFrame()	跳转到下一帧
prevScene()	回到上一场景的第 1 帧
nextScene()	跳转到下一场景的第 1 帧
stopAllSound()	停止动画影片文件中正在播放的所有声音

任务 11.1　简单交互运用——学习街舞

■任务目的

掌握 ActionScript 3.0 基本语法，学习简单的按钮交互动画。

任务分析

"学习街舞"任务能让静态的小人跳街舞，通过按钮还可以控制小人跳舞，最终效果如图 11-1-1 所示。

学习街舞

图 11-1-1　最终效果

·任务实施·

操作要求：要求单击按钮能实现对应的播放控制效果。

技能点拨：

1）导入街舞分解动作系列图片制作动画。

2）通过给按钮添加交互控制脚本实现动画控制。

01 新建一个影片剪辑元件，命名为"街舞动画"，导入"素材与源文件\项目 11\任务 11.1\素材"目录下的街舞分解动作系列图片，制作逐帧动画，如图 11-1-2 所示。

图 11-1-2　逐帧图片效果

小　贴　士

建议在教学中，可以先以按钮控制主场景时间轴动画的引入，本任务考虑到影子透明度的处理，需要直接运用按钮控制影片剪辑里的时间轴播放。

02 新建一个图层并命名为"action"，按【F9】键，打开"动作"面板，输入"stop( );"脚本，如图 11-1-3 所示。

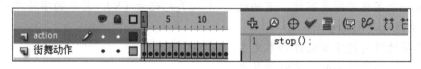

图 11-1-3　"时间轴"和"动作"面板效果

03 回到场景编辑窗口，新建"背景"图层，绘制一个与舞台大小相同的矩形，填充渐变色，如图 11-1-4 所示。

04 将"街舞动画"影片剪辑元件拖到舞台中间，设置其实例名为"jw"，如图 11-1-5 所示。

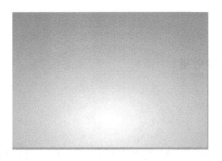

图 11-1-4　舞台效果

图 11-1-5　实例名

05　复制"街舞动画"影片剪辑实例，设置其实例名为"yingzi"，执行"修改→变形→垂直翻转"命令，摆放好影子的位置，再设置其透明度为11%，如图 11-1-6 所示。

06　打开按钮公用库，从按钮库中选择"playback flat"类型的按钮，拖放到舞台上并排列好，添加一个圆角矩形外框，如图 11-1-7 所示。

图 11-1-6　舞者影子

图 11-1-7　播放按钮

07　分别将 5 个按钮元件的实例命名为 btn_play、btn_pause、btn_prev、btn_next、btn_stop。

小　贴　士

命名需注意如下几点。

1）命名养成见名知义的习惯。

2）第一个字符必须是字母、下划线（_）或美元记号（$）。其后的字符必须是字母、数字、下划线或美元记号。

3）不能使用关键字或动作脚本文本。

4）命名必须是唯一的，不能重复定义。

08　新建"action"图层，按【F9】键，在打开的"动作"面板中输入以下代码（//注释部分可不用输入）：

```
btn_play.addEventListener(MouseEvent.CLICK,jwplay);
//当按下播放按钮时执行 jwplay 函数
function jwplay(event: MouseEvent): void                //jwplay 函数
```

```
{
    jw.play();                                          //jw 影片剪辑播放
    yingzi.play();                                      //yingzi 影片剪辑播放
}
```

小 贴 士

当正确输入关键字时，系统中相应关键字会变成蓝色。

1)

注册事件侦听器　　　　　　　　　　侦听器（函数）

btn_play.addEventListener(MouseEvent.CLICK, jwplay);

播放按钮　　　　　　　　　　事件类型：单击鼠标

2)

函数定义关键字　　　　　　事件类型：单击鼠标　返回值：无

　　　　函数名

function jwplay(event:MouseEvent):void
{
    jw.play();   —— 街舞影片剪辑实例播放
    yingzi.play();   —— 程序段
}

09 根据步骤 **08** btn_play 的脚本的写法，在"动作"面板中编写其他按钮的交互脚本。

```
btn_pause.addEventListener(MouseEvent.CLICK, jwpause);
btn_prev.addEventListener(MouseEvent.CLICK, jwprev);
btn_next.addEventListener(MouseEvent.CLICK, jwnext);
btn_stop.addEventListener(MouseEvent.CLICK, jwstop);
function jwpause(event: MouseEvent): void          //jwpause 函数
{
    jw.stop();
    yingzi.stop();
}
function jwprev(event: MouseEvent): void           //jwprev 函数
{
    jw.prevFrame();
    yingzi.prevFrame();
}
function jwnext(event: MouseEvent): void           //jwnext 函数
{
    jw.nextFrame();
```

```
        yingzi.nextFrame();
    }
    function jwstop(event: MouseEvent): void          //jwstop 函数
    {
        jw.gotoAndStop(41);
        yingzi.gotoAndStop(41);
    }
```

小 贴 士

　　Flash CS6 的"代码片断"面板使非编程人员可以快速掌握简单的 ActionScript 3.0 的使用。借助该面板，可以将常用的功能加到面板中，方便日常使用，如创建起暂停作用的按钮可采用如下操作。

　　1）选中按钮，按【F9】键打开"动作"面板。

　　2）单击"代码片断"按钮，然后在"代码片断"面板中展开"事件处理函数"选项，然后双击 Mouse Click 事件，如图 11-1-8 所示。

图 11-1-8　事件处理函数

　　3）删除函数内的测试代码和注释，手工输入"stop( );"。

　　10 保存文件，并测试动画。

实践探索

　　根据学习的按钮控制动画效果，制作简单的"电子相册"动画效果，如图 11-1-9 所示。

图 11-1-9　"电子相册"效果

任务 11.2　影片剪辑属性控制——遥控飞机

■ 任务目的

学习影片剪辑的常用属性，并了解对影片剪辑属性的设置和控制。

■ 任务分析

"遥控飞机"任务通过对遥控器上按钮的选择来控制直升机的飞行线路，最终效果如图 11-2-1 所示。

图 11-2-1　"遥控飞机"最终效果

遥控飞机

■相关知识

影片剪辑的相关属性如表 11-2-1 所示。

表 11-2-1 影片剪辑属性

名称	属性	参照值	说明
alpha	数值	0~1	影片片段的 Alpha 透明值
height	数值		影片片段的高度，以像素为单位
name	字符串		影片片段的实体名称
rotation	数值		指定影片片段相对于其原始方向的旋转程度，以度为单位
visible	布尔值	true、false	设置影片片段是否显示
width	数值		影片片段的宽度，以像素为单位
x	数值		影片片段相对于父影片片段局部坐标的 x 坐标
y	数值		影片片段相对于父影片片段局部坐标的 y 坐标
mouseX	数值		返回鼠标位置的 X 坐标
mouseY	数值		返回鼠标位置的 Y 坐标
scaleX	数值		设置从影片片段注册点所套用的影片片段的水平缩放百分比
scaleY	数值		设置从影片片段注册点所套用的影片片段的垂放缩放百分比

任务实施

操作要求：要求单击遥控器的上按钮能实现对应的控制效果。

技能点拨：制作直升飞机动画，通过给按钮添加控制属性脚本实现属性控制。

01 打开"素材与源文件\项目 11\任务 11.2\素材\直升飞机.fla"文件，将"直升飞机"影片剪辑元件拖放至舞台上，并将实例命名为"zsfj"。

02 新建一个图层并命名为"遥控器"，导入"素材与源文件\项目 11\任务 11.2\素材\遥控器.png"图片素材，转化为影片剪辑元件。

03 双击遥控器，进入遥控器编辑界面，新建一个图层命名为"按钮"，在该图层上制

作"上、下、左、右、左旋转、右旋转、大、小、透明度加、透明度减"几个按钮，实例名分别为上（btn_up）、下（btn_down）、左（btn_left）、右（btn_right）、左旋转（btn_rotation_l）、右旋转（btn_rotation_r）、大（btn_big）、小（btn_small）、透明度加（btn_alpha_up）、透明度减（btn_alpha_down），如图 11-2-2 所示。

04 新建一个图层命名为"Actions"，选中关键帧，按【F9】键打开"动作"面板。

图 11-2-2 遥控器

05 为"btn_up"输入脚本如下。

```
btn_up.addEventListener(MouseEvent.CLICK,flyup);
function flyup(event: MouseEvent): void
{
```

```
    Object(this).parent.zsfj.y-=5;
}
```

小 贴 士

1）本题中要控制的直升飞机（zsfj）的位置在舞台上，而写代码的位置却在遥控器（ykq）影片剪辑里，两种的层次不同，可以借助插入目标路径按钮，直接选择要控制的目标实例。

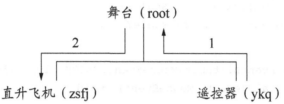

舞台（root）

2

1

直升飞机（zsfj）   遥控器（ykq）

2）Object(this).parent.zsfj.y 中 Object(this)将当前对象（ykq）转换对象类型，.parent 到父层（root），.zsfj 表示直升飞机，.y 表示纵向 y 轴值。

3）思考：Object(this).parent.zsfj.y-=5; 可否写成 Object(root).zsfj.y-=5;？

06 为其他按钮编写脚本。

```
btn_down.addEventListener(MouseEvent.CLICK,flydown);
function flydown(event: MouseEvent): void
{
    Object(this).parent.zsfj.y+=5;
}

btn_left.addEventListener(MouseEvent.CLICK,flyleft);
function flyleft(event: MouseEvent): void
{
    Object(this).parent.zsfj.x-=5;
}

btn_right.addEventListener(MouseEvent.CLICK,flyright);
function flyright(event: MouseEvent): void
{
    Object(this).parent.zsfj.x+=5;
}

btn_rotation_r.addEventListener(MouseEvent.CLICK,flyrotationright);
function flyrotationright(event: MouseEvent): void
{
    Object(this).parent.zsfj.rotation-=15;
}

btn_rotation_l.addEventListener(MouseEvent.CLICK,flyrotatiorleft);
```

```
function flyrotatiorleft(event: MouseEvent): void
{
    Object(this).parent.zsfj.rotation+=15;
}

btn_big.addEventListener(MouseEvent.CLICK,flybig);
function flybig(event: MouseEvent): void
{
    Object(this).parent.zsfj.scaleX+=0.2;
    Object(this).parent.zsfj.scaleY+=0.2;
}

btn_small.addEventListener(MouseEvent.CLICK,flysmall);
function flysmall(event: MouseEvent): void
{
    Object(this).parent.zsfj.scaleX-=0.2;
    Object(this).parent.zsfj.scaleY-=0.2;
}
btn_alpha_up.addEventListener(MouseEvent.CLICK,alpha_up);
function alpha_up(event: MouseEvent): void
{
    Object(this).parent.zsfj.alpha+=0.2;
}
btn_alpha_down.addEventListener(MouseEvent.CLICK,alpha_down);
function alpha_down(event: MouseEvent): void
{
    Object(this).parent.zsfj.alpha-=0.2;
}
```

07 测试并保存动画效果。

实践探索

根据学习的属性控制方法，制作"美女换装"动画，动画效果如图 11-2-3 所示。

ColorTransform 类： Flash 的颜色变换类。

用法：

```
newColor.color=0xFF6600;
dispatchEvent(new CustomEvent("EVENT","HITTING"));
mc.transform.colorTransform=newColor;
```

图 11-2-3　"美女换装"动画效果

任务 11.3　运用鼠标跟随控制绘制动画——点蜡烛

■任务目的

了解影片剪辑拖曳动画的制作方法，同时进一步学习按钮控制影片剪辑。

■任务分析

"点蜡烛"动画将结合脚本控制和播放动画，绘制蜡烛，制作逐帧动画，最终效果如图 11-3-1 所示。

图 11-3-1　最终效果

点蜡烛

■相关知识

1. 开始/停止拖曳影片片段

startDrag( )方法可让用户拖曳指定的影片片段，该影片片段在 startDrag( )方法被调用后将维持右拖动的状态，直到 MovieClip.stopDrag( )方法被调用后，或是直到其他影片片段可以拖动为止。

stopDrag( )方法可结束 startDrag( )方法的调用，让用户拖动的指定影片片段停止拖动状态。

一次只能有一个影片片段为可拖动状态。

2. 隐藏与显示鼠标指针

hide( )方法可以在 SWF 动画影片中隐藏系统的鼠标指针。

show( )方法可以在 SWF 动画影片中将隐藏的系统鼠标指针显示出来。

任务实施

操作要求：要求将鼠标转换成燃烧的蜡烛，蜡烛的火焰能点燃蛋糕上的蜡烛。

技能点拨：绘制蜡烛，制作烛光火焰燃烧的逐帧动画，运用脚本控制拖曳和播放动画。

`01` 新建一个 ActionScript 3.0 文档。

`02` 在图层 1 上导入"素材与源文件\项目 11\任务 11.3\素材\背景.jpg"文件，同时修改文档大小与图片大小相同，接着将图片与舞台对齐居中。

`03` 将"素材与源文件\项目 11\任务 11.3\素材\蛋糕.png"素材导入到舞台上。

`04` 新建一个图形元件，命名为"烛身"，绘制蜡烛的烛身，如图 11-3-2 所示。

`05` 新建一个图形元件，命名为"火焰"，将"图层 1"命名为"火焰"，分别在第 1 帧、第 3 帧、第 5 帧、第 8 帧、第 11 帧、第 14 帧处绘制火焰跳动的形状，参考效果如图 11-3-3 所示。

图 11-3-2 蜡烛

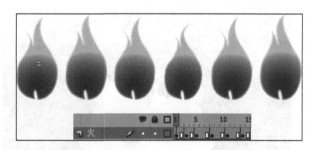

图 11-3-3 绘制火焰

`06` 新建图层，命名为"光晕"，在火焰下方绘制一个正圆，填充径向渐变，执行"修改→形状→柔化填充边缘"命令，设置参数如图 11-3-4 所示。

`07` 制作"光晕"图层动画，分别在第 8 帧、第 15 帧处插入关键帧，设置第 1 帧和第 15 帧上"光晕"元件的透明度为 30%，在第 8 帧处将"光晕"缩小到原大小的 80%左右，分别在第 1~8 帧、第 8~15 帧创建传统补间动画，如图 11-3-5 所示。

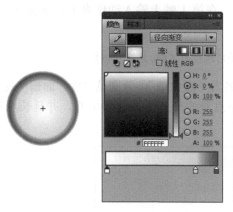

图 11-3-4 柔化填充边缘

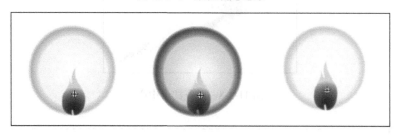

图 11-3-5 "光晕"制作

08 新建一个影片剪辑元件,命名为"跳动的火焰",将"图层 1"命名为"火焰",将"火焰"图形元件从"库"面板中拖放至舞台。

09 新建图层,命名为"透明按钮",在火焰中间的位置绘制一个小矩形,选中矩形并将其转化为按钮元件,将"弹起"帧的矩形拖至"点击"帧上,如图 11-3-6 所示。

图 11-3-6 透明按钮

10 将"火焰"图层上所有的帧向后拖一帧,如图 11-3-7 所示。

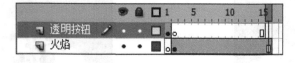

图 11-3-7 帧效果

小 贴 士

因为开始的时候蜡烛并不燃烧,等点燃的火碰到烛芯时才点燃,所以一开始动画停在第 1 帧,而第 1 帧上还看不到燃烧的火焰。

11 新建图层并命名为"actions",在第 1 帧上输入动作脚本:stop( );,在第 16 帧上输入动作脚本。

```
gotoAndPlay(2);//播完最后一帧后跳过第1帧,从第2帧播起
```

12 新建一个影片剪辑元件并命名为"点火烛",分别从"库"面板中拖出"烛身"和"火焰"元件,旋转"烛身",将火焰能点着的部分对齐注册中心,并延长至第 15 帧,如图 11-3-8 所示。

图 11-3-8　对齐注册中心

小 贴 士

注册中心不是显示对象的位置,只是计算某一点的位置,用该坐标来代表显示对象的位置,不考虑其面积的大小。因而,"点火烛"影片剪辑实例的 x 和 y,是由该对象的注册点决定的,就是十字符号的位置。

13 返回主场景,新建图层并命名为"点火",将"点火烛"影片剪辑元件拖到舞台上,将实例命名为"putfire"。

14 新建图层并命名为"蜡烛",从"库"面板中拖出"烛身"影片剪辑元件 3 次,调整位置和大小,如图 11-3-9 所示。

15 从"库"面板中拖出"跳动的火焰"影片剪辑元件 3 次,分别放置在 3 支蜡烛的烛芯上,调整位置和大小,并分别将实例命名为"fire1""fire2""fire3",如图 11-3-10 所示。

图 11-3-9　调整对象位置

图 11-3-10　设置"跳动的火焰"影片剪辑元件位置

16　新建图层并命名为"actions"，在该帧"动作"面板中输入如下命令。

```
fire1.addEventListener(MouseEvent.MOUSE_OVER, fl_MouseOverHandler);
function fl_MouseOverHandler(event: MouseEvent): void
{
    fire1.play();
}
fire2.addEventListener(MouseEvent.MOUSE_OVER, fl_MouseOverHandler_2);
function fl_MouseOverHandler_2(event: MouseEvent): void
{
fire2.play();
}
fire3.addEventListener(MouseEvent.ROLL_OVER, fl_MouseOverHandler_3);
function fl_MouseOverHandler_3(event: MouseEvent): void
{
    fire3.play();
}
putfire.startDrag(true);
Mouse.hide();
```

17　测试并保存动画效果。

小　贴　士

影片片段对象.startDrag（锁定中心，拖曳区域);

锁定中心=布尔值，指定可拖曳的影片片段要锁定于鼠标指针的中央（true）或是锁定在用户第一次按下影片片段的位置（false）;

拖曳区域=矩形对象，指定影片片段拖曳的限制矩形。

实践探索

根据学习的影片剪辑拖曳动画的制作，尝试制作"家居组合游戏"动画，动画效果如图 11-3-11 所示。

图 11-3-11　"家居组合游戏"效果

任务 11.4　运用条件选择结构绘制动画——填数字游戏

■任务目的

了解条件选择程序结构，学习编写具有分支判断结构的程序。

任务分析

"填数字游戏"任务通过编写分支判断结构程序，控制动画的效果，最终效果如图 11-4-1 所示。

图 11-4-1　"填数字游戏"最终效果　　　　　　填数字游戏

■相关知识

1. 变量和常量

变量和常量，都是为了储存数据而创建的。变量和常量就像是一个容器，用于容纳各种不同类型的数据。当然对变量进行操作，变量的数据就会发生改变，而常量则不会，变量必须要先声明后使用，否则编译器会报错。

（1）声明变量语法

在 ActionScript 3.0 中，使用 var 关键字来声明变量，格式如下。

```
var 变量名：数据类型；
var 变量名：数据类型=值；
```

要声明一个初始值，需要加上一个等号并在其后输入相应的值。值的类型必须和前面的数据类型一致。

（2）变量命名规则

在 Flash 中，随意的命名很容易引起代码的混乱，也不便进行维护操作。

变量的命名要遵循以下几条原则。

1）必须是一个标识符，第一个字符必须是字母、下划线（_）或美元记号（$）。其后的字符必须是字母、数字、下划线或美元记号。注意第一个字符不能使用数字。

2）不能使用关键字或动作脚本文本，如 true、false、null 或 undefined。特别不能使用 ActionScript 的保留字，否则编译器会报错。

3）在其范围内必须是唯一的，不能重复定义变量。

2．基础数据类型

基础数据类型分类如表 11-4-1 所示。

表 11-4-1　基本数据类型分类

数据类型		默认初始值
布尔型	Boolean	false
数字型	int	0
	uint	0
	Number	NaN
字符串	String	null
数组	Array	
对象	Object	null

3．运算符

（1）赋值运算符

赋值运算符具体内容如表 11-4-2 所示。

表 11-4-2　赋值运算符

运算符	执行的运算	范例
=	赋值	var s：int=1;　　　//定义并给 s 赋值为 1
+=	加法赋值	var sum：int+=3;　//相当于 sum=sum+3;
*=	乘法赋值	s*=5;　　　　　　//相当于 s=s*3;

（2）算术运算符

算术运算符左边只能是变量，右侧是一个数值、变量或表达式。具体如表 11-4-3 所示。

表 11-4-3　算术运算符

运算符	执行的运算	范例
+	加法	var a：int=1;
−	减	var b：int=2;
*	乘	var c：int=a+b;
/	除	var d：int=a-b;
		var e：int=a*b;
%	模（求余）	var f：int=a/b;
		var g：int=a%b;

4．条件结构

前面涉及的程序都是从上到下一行一行地执行，中间没有任何判断和跳转，这种结构称为顺序结构，如图 11-4-2 所示，A 语句和 B 语句是依次执行的，只有在执行完 A 语句后，才能执行 B 语句。但在处理实际问题时，不只有顺序结构，经常会遇到一些条件的判断，流程根据条件是否成立有不同的流向。

当程序有几条路可走时，就会出现条件结构，选择哪条路要视条件而定，如图 11-4-3 所示，程序根据给定的条件 P 是否成立而选择执行 A 语句或 B 语句。

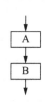

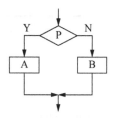

图 11-4-2　顺序结构　　　　　　　　　　图 11-4-3　条件分支结构

ActionScript 3.0 提供了两种常见的条件控制结构：if 语句和 switch 语句。

5．if 语句结构

if 语句使用布尔表达式或布尔值作为分支条件来进行分支控制，其中 if 语句有如下 3 种形式。

形式1：	形式2：	形式3：

if(判断条件) {
处理分支
}
//省略 else 语句
	if(判断条件) {
	处理分支 A
	}else{
	处理分支 B
	}
	　//条件成立执行处理分支 A，否则执行处理分支 B
		if(判断条件1) {
		处理分支 A
		}else if(判断条件2){
		处理分支 B
		} …
		else{
		处理分支 n
		}
		　//当所有条件都不成立，执行 else 之后的分支，若没有 else，那么当所有的条件都不符合时，直接跳出判断语句

6．判断条件

if 之后括号里的判断条件是一个 Boolean 值或一个逻辑表达式，但要求这个表达式的返回值只能是 true 或 false。

（1）关系运算符

关系运算符左右两侧可以是数值、变量或表达式，判断结果是 Boolean 值，即 false 或 true。具体如表 11-4-4 所示。

表 11-4-4　关系运算符

运算符	执行的运算	范例
>	大于	var age: int=45;
<	小于	if(age>60){
>=	大于等于	trace("老年人");
		}else if(age>40)
		{
<=	小于等于	trace("中年人");
		} else if(age>20)
		{
		trace("青年人");
		}
==	等于	if(性别==女)
!=	不等于	a!=b
===	严格等于	a===b
!==	严格不等于	a!==b

（2）逻辑运算符

逻辑运算符如表 11-4-5 所示。

表 11-4-5　逻辑运算符

运算符	执行的运算	条件要求	范例
&&	与	几个条件同时满足才执行代码	if(没有羽毛&&两脚直立行走&&是动物){
‖	或	几个条件中只要其中一个是正确的就执行代码	trace("柏拉图式的人");
			}else(!(没有羽毛&&两脚直立行走&&是动物))
!	非	反相条件：真变假，假变真	trace("非人类");
			}

7. trace 语句

trace 语句是在测试代码时经常使用的语句，其格式是 trace( )。小括号"( )"中的参数为变量或表达式，其作用是当按【Ctrl+Enter】组合键测试动画时，把小括号"( )"中指定的变量的值或表达式的计算结果在"输出"面板中显示出来，以便在测试时检查程序代码是否正常，这是一个检查代码的非常方便的方法。

━━┓任务实施┣━━━

操作要求：要求能动态随机生成两个数，在文本框中输入结果并提交，能给出判断结果，并能返回初始界面。

技能点拨：

1）条件判断 if 语句的应用。

2）trace 语句应用。

3）动态文本应用。

4）在动作中使用"帧标签"定位。

5）认识"输出"面板。

6）使用比较运算符"<"、自加运算符"++"。

7）了解常量、变量、表达式。

01 新建 ActionScript 3.0 文档。

02 导入"素材与源文件\项目 11\任务 11.4\素材\背景.png"图片，修改舞台大小与图片大小相同，并将图片对齐到舞台上。

03 新建图层，使用文本工具**T**【T】输入标题文字"填数字游戏"，设置文字的"发光"滤镜效果。

04 使用文本工具**T**【T】输入"请在下面输入正确答案"文字，并拖出 3 个文本框，第一个文本框的文本类型为"输入文本"，实例名为"num1"，后两个文本类型为"动态文本"，实例名分别为"num2""num3"，再调整文本的其他属性，如图 11-4-4 所示。

图 11-4-4　文本框属性

05 在第一、二个文本框之间输入"+"，第二、三个文本框之间输入"−"。

06 从按钮公用库中选择一个按钮，并修改按钮上的文字为"提交"，实例名为"submit"，按图 11-4-5 所示排列。

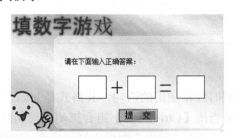

图 11-4-5　排列效果

07 在第 2 帧处插入关键帧，导入"素材与源文件\项目 11\任务 11.4\素材\right.png"图片，并输入"恭喜你，答对了"文字，直接复制"库"面板中的"提交"按钮，修改按钮标签文字为"返回"，实例名为"back"。

08 在第 3 帧处插入关键帧，导入"素材与源文件\项目 11\任务 11.4\素材\false.png"图片，并输入"不好意思，答错了"文字，直接复制"库"面板中的"提交"按钮，修改按钮标签文字为"重做"，实例名为"retry"。

09 新建一个"action"图层，在第 1 帧处按【F9】键，在打开的"动作"面板中输入以下代码。

```
stop();
num2.text=String(Math.floor(Math.random()*11));
//获取 0～11 的随机整数并赋给动态文本框 num2
num3.text=String(Math.floor(Math.random()*50));
//获取 0～50 的随机整数并赋给动态文本框 num3
submit.addEventListener(MouseEvent.CLICK, checkresult);
function checkresult(event: MouseEvent): void
{
    if(num1.text==String(Number(num3.text)-Number(num2.text)))
        //判断 num3 的数值减去 num2 的数值是否与 num1 的数值相等
        gotoAndStop(2);
    else
    gotoAndStop(3);
}
```

第 2 帧代码：

```
stop();

back.addEventListener(MouseEvent.CLICK,goback);
function goback(event: MouseEvent): void
{
    gotoAndStop(1);
}
```

第 3 帧代码：

```
stop();

retry.addEventListener(MouseEvent.CLICK,RETRY);
function RETRY(event: MouseEvent): void
{
    gotoAndStop(1);
}
```

10 测试并保存动画效果。

实践探索

根据学习的条件选择程序结构，尝试制作"徘徊的小鸟"动画，动画效果如图 11-4-6 所示。

小 贴 士

scaleX：对象的横向大小比例。该案例中 scaleX 属性值为 110 的对象横向大小不变，scaleX 属性值为 50 的对象横向大小缩小为原来的 50%。

图 11-4-6　"徘徊的小鸟"动画效果

任务 11.5　运用循环结构绘制——球员上场

■ 任务目的

了解循环程序结构，学习编写简单的循环功能的程序。

┌ 任务分析 ┐

球员上场

"球员上场"任务通过循环语句，控制复制对象的数量和位置，最终效果如图 11-5-1 所示。

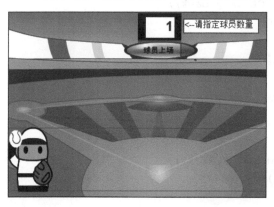

图 11-5-1　"球员上场"最终效果

■ 相关知识

1. 循环结构

有时在解决一些问题时，经常需要重复执行一些操作，如计算 1+2+3+…+110 的和，我们可以利用循环结构控制程序按照一定的条件或者次数重复执行。需要重复执行同一操作的结构称为循环结构，即从某处开始，按照一定条件反复执行某一处理步骤，反复执行的处理步骤称为循环体，如图 11-5-2 所示。

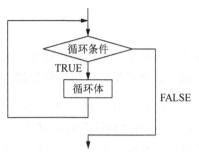

图 11-5-2　循环结构

循环结构包含如下 4 个部分。

初始化语句：一条或多条语句，用于完成一些初始化工作，初始化语句在循环开始之前执行。

循环条件：一个 Boolean 表达式，该表达式决定是否执行循环体。

循环体：循环的主体，如果循环条件允许，这个代码将被重复执行。

迭代语句：在一次循环体执行结束后，对循环条件求值之前执行，通常用于控制循环条件中的变量，使得循环在合适时候结束。

2．循环语句

循环语句的具体介绍如表 11-5-1 所示。

表 11-5-1　循环语句

循环语句	语法结构	说明	范例

while 循环	初始化语句
	while(循环条件){
	　　循环体；
	　　迭代语句；
	}
		先对循环条件求值，如果循环条件为 true，则运行循环体部分，否则循环体停止运行	var i: int=0;// 初始化语句
			while(i<5){//(循环条件)
			　trace(i);// 循环体
			　i++;//迭代语句
			}

do…while 循环	初始化语句
	do{
	　　循环体；
	　　迭代语句；
	} while(循环条件)
		先执行循环体，再进行条件判断；
		当条件不成立时，循环语句停止运行；
		循环体内的语句至少会执行 1 次
			var count: int=20;
			　　do{
			　　　trace(count);
			　　　count=count-1;
			　　}while(count>11);

for 循环	for([初始化语句];[条件判断语句];[迭代语句]){
	　　循环体；
	}
		先执行循环的初始化只在循环开始前执行一次；每次执行循环体之前，先计算条件判断语句的值，若为真则执行循环体部分，然后执行迭代语句	for(var　　　　　count:int i=0;count<11;count++){
			　trace(count);
			}
			trace("循环结构! ");

─**任务实施**─

操作要求：要求在文本框中输入数据，单击按钮后能显示对应的球员数量。

技能点拨：设置球员实例属性，通过循环语句控制复制对象的数量和位置。

01 导入素材文件"素材与源文件\项目 11\任务 11.5\素材\球员.fla"。

02 在舞台上创建一个文本框，在"属性"面板中设置文本类型为"输入文本"，文本实例名称为"num_txt"，如图 11-5-3 所示，在输入文本旁添加一个静态文本标注"请指定球员数量"。

图 11-5-3 文本类型设置

03 从"库"面板中拖入一个球员，其影片剪辑元件的实例名为"man_mc"，设置按钮实例名为"man_btn"。

04 新建一个空影片剪辑元件，拖入到舞台上，实例名为"copy_mc"。

05 新建一个"action"图层，按【F9】键，在打开的"动作"面板中输入以下代码。

```
//根据指定数量加入对象
var i=0;
man_mc.visible=false;
function copy_obj(){
    if(man_btn.enabled){
        do{
            var mcCopy: man=new man();
            copy_mc.addChild(mcCopy);
            mcCopy.x=man_mc.width*i;
            i++;
            }while(i<num_txt.text);
    }}
//按下球员进场按钮
man_btn.addEventListener(MouseEvent.CLICK,run_copy);
function run_copy(me: MouseEvent){
    copy_obj();
    man_btn.enabled=false;
}
```

06 测试并保存动画效果。

小贴士

程序中 do～while 循环结构可改写成 for 循环结构，写法如下。

```
for(var i=0;i<num_txt.text;i++){
    var mcCopy:man=new man();
    copy_mc.addChild(mcCopy);
    mcCopy.x=man_mc.width*i;
}
```

实践探索

根据学习的循环结构，尝试制作"数字排序游戏"动画，动画效果如图 11-5-4 所示。

图 11-5-4　数字排序游戏

任务 11.6　运用组件绘制——杂志页面、日历、MP3 播放器

任务目的

通过 3 个小任务，学习 Flash 组件的应用。

任务分析

通过制作杂志页面、日历、MP3 播放器，学习使用 UIScrollBall 组件、日历组件 DateChooser 组件及组件样式的设置。学习 MediaPlayback 组件、ComboBox 组件，初步了解通过编程实现组件之间的数据传递。

相关知识

1. 组件概述

组件是预先构建的 Flash 元素，是带有参数的影片剪辑，其外观和行为可以通过设置相应的参数进行修改。对于 Flash 开发人员来说，使用组件可以极大地提高工作效率。Flash

开发人员可以将开发过程中常用的功能封装在组件中。

用户可以通过使用"组件"面板将组件添加到 Flash 文档中，然后通过使用"库"面板向文档添加该组件的更多实例。在"属性"面板的"参数"选项卡或"组件检查器"面板的"参数"选项卡中可以设置组件实例的属性。

2. 组件类型

Flash 在"组件"面板中提供的组件分为以下 4 类。

1）数据（Data）组件。使用数据组件可加载和处理数据源中的信息。

2）媒体（Media）组件。使用媒体组件能够很方便地将流媒体加入到 Flash 中，并对其进行控制。

3）用户界面（UI）组件。利用用户界面组件可以方便地创建复杂的交互界面，实现与应用程序之间的交互。

4）FLVPlayback 组件。通过 FLVPlayback 组件，可以轻松地将视频播放器嵌入 Flash 应用程序，以便播放通过 HTTP 渐进式下载的 Flash 视频（FLV）文件，或者播放来自 Flash Media Server（FMS）或 Flash Video Streaming Service（FVSS）的 FLV 文件流。

3. 组件介绍

1）使用 UIScrollBar 组件可以将滚动条添加至文本字段。该组件的功能与其他所有滚动条类似，两端各有一个"箭头"按钮，按钮之间有一个滚动轨道和滚动滑块。

2）DateChooser 组件是一个允许用户选择日期的日历。该组件包含一些按钮，这些按钮允许用户在月份之间来回翻动并单击选中某个日期。可以设置指定月份和日期、星期的第一天、任何禁用日期及加亮显示当前日期的参数。

3）Window 组件可以在一个具有标题栏、边框和"关闭"按钮（可选）的窗口内显示影片剪辑的内容。该组件可以是模式的，也可以是非模式的。模式窗口会防止鼠标和键盘输入转至该窗口之外的其他组件。Window 组件还支持拖动操作，用户可以单击标题栏并将窗口及其内容拖动到另一个位置。拖动边框不会更改窗口的大小。

4）Loader 组件是一个容器，可以显示 SWF 或 JPEG 文件（渐进式 JPEG 文件除外）。用户可以缩放加载器的内容，或者调整加载器自身的大小来匹配内容的大小。默认情况下，该组件会自动调整内容的大小以适应加载器。运行时也可以加载内容，并监控加载进度（不过内容加载一次后会被缓存，所以进度会快速跳进到 110%）。

5）ProgressBar 组件能显示加载内容的进度，可用于显示加载图像和应用程序各部分的状态。加载进程可以是确定的也可以是不确定的。当要加载的内容量已知时，使用确定的进度栏。确定的进度栏是一段时间内任务进度的线性表示。当要加载的内容量未知时，使用不确定的进度栏。可以通过添加标签来显示加载内容的进度。

6）Accordion 组件是包含一系列子项的浏览器，可用来显示大部分表单。该组件呈纵向布局，其标题按钮横跨整个组件。一个子项与一个标题按钮关联，且每个标题按钮均从属于 Accordion 组件而不从属于子项。当用户单击某个标题按钮时，关联的子项即会显示在该标题按钮下方，并且在过渡到新的子项的过程中将使用过渡动画。用户可以通过单击各子项的标题按钮在子项之间进行浏览。

7）通过 FLVPlayback 组件，可以轻松地将视频播放器嵌入 Flash 应用程序，以便播放通过 HTTP 渐进式下载的 Flash 视频（FLV）文件，或者播放来自 Flash Media Server（FMS）或 Flash Video Streaming Service（FVSS）的 FLV 文件流。

8）ComboBox 组件由 Button 组件、TextInput 组件和 List 组件 3 个子组件组成。通过使用该组件，用户可以从下拉列表中做出一项选择。例如，可以在客户地址表单中提供一个包括各省市名称的下拉列表。

9）MediaPlayback 组件由 MediaDisplay 组件和 MediaController 组件两个子组件组成。该组件提供对媒体内容进行流式处理的方法，使媒体可以流入到 Flash 内容中，并为媒体回放提供标准的用户界面控件（播放、暂停等）。该组件的参数必须在"组件检查器"面板中进行设置。

10）使用 MenuBar 组件可以创建带有弹出菜单和命令的水平菜单栏，就像常见的软件应用程序中包含"文件"菜单和"编辑"菜单的菜单栏一样。

11）ScrollPane 组件可以将影片剪辑、JPEG 文件和 SWF 文件限定在一个可滚动区域中显示。通过使用该组件，可以限制这些媒体类型所占用的屏幕区域的大小。例如，如果有一幅大尺寸的图像，而在应用程序中只有很小的空间可用于该图像的显示，则可以将该图像加载到 ScrollPane 组件中。

12）表单常用组件。文本输入组件 TextInput：TextInput 组件是单行文本组件，可以使用该组件来输入单行文本字段。

单选按钮组件 RadioButton：使用 RadioButton 组件可以强制用户只能选择一组选项中的一项。

数字选择器组件 NumericStepper：NumericStepper 组件允许用户逐个通过一组经过排序的数字。

复选框组件 CheckBox：CheckBox 组件是一个可以选中或取消选中的复选框。

多行文本输入组件 TextArea：TextArea 组件是多行文本组件，可以使用该组件来输入多行文本字段。

按钮组件 Button：Button 组件是一个可调整大小的矩形用户界面按钮。

任务实施

1. 杂志页面

操作要求：要求拖动滚动条可以实现拖动显示大量文本。

技能点拨：创建一个动态文字框，将要显示的文字复制到里面，拖出 UIScrollBall 组件与文本框对齐，设置目标数据为动态文本框，最终效果如图 11-6-1 所示。

01 新建一个脚本类型为"ActionScript 3.0"的文档。

02 导入"素材与源文件\项目 11\任务 11.6\素材\杂志背景.jpg"，调整舞台大小与图片大小相同。

03 新建一个图层，使用文本工具 **T**【T】在图片左上方空白区域输入标题"岁月静好，年华无恙"，设置文字大小和颜色。

杂志页面

图 11-6-1 最终效果

04 在标题下方拖出一个动态文本框，命名为"info"，如图 11-6-2 所示，文字大小为 12 号，"多行"文本模式，文字颜色为白色。

05 打开"素材与源文件\项目 11\任务 11.6\素材\文字.txt"文档，按【Ctrl+A】组合键全选文字，将文本复制到文本框内。

06 打开组件面板，选择 UIScrollBall 组件，拖动到文本框右侧，调节 UIScrollBall 高度上下对齐文本框，并在右侧紧贴文本框，如图 11-6-3 所示。

图 11-6-2 文本类型设置

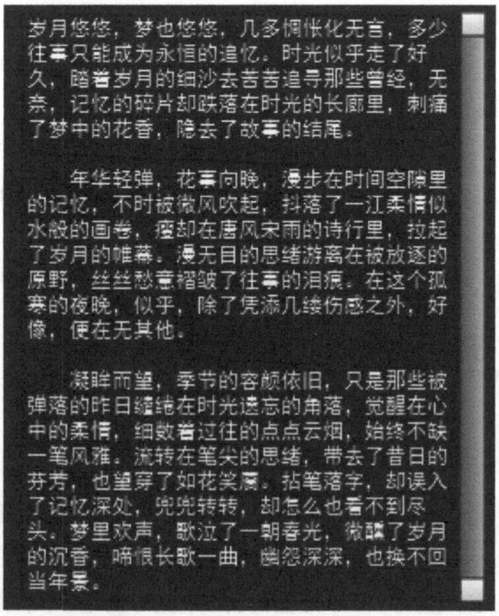

图 11-6-3 文本框和组件位置设置

07 选中 UIScrollBall 组件，设置"属性"面板，设置 scrollTargetName 的值为"info"，如图 11-6-4 所示。

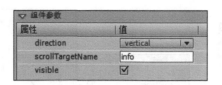

图 11-6-4　"属性"面板设置

08 测试动画效果。

2. 日历

操作要求：要求使用 DateChooser 组件快速创建一个可以运用各种应用程序的日历。
技能点拨：从组件面板中创建 DateChooser 组件，设置组件属性，最终效果如图 11-6-5 所示。

图 11-6-5　最终效果　　　　　　　　　　　　　　　　　　　　　日历

01 新建一个脚本类型为 ActionScript 2.0 的文档，导入"素材与源文件\项目 11\任务 11.6\素材\日历背景.jpg"文件，调整舞台大小与图片大小相同。

> **小贴士**
>
> 　Adobe Flash CS6 包括 ActionScript 2.0 组件以及 ActionScript 3.0 组件。不能将这两组组件混合。对于给定的应用程序，只能使用其中的一组。根据打开的是 ActionScript 2.0 文件还是 ActionScript 3.0 文件，Flash CS6 将显示 ActionScript 2.0 组件或 ActionScript 3.0 组件。

02 打开"组件"面板，选择 DateChooser 组件，如图 11-6-6 所示，拖动到舞台空白区域。

03 选择日历，然后在"属性"面板中对参数进行设置，通常会选择第一项"dayNames"（日期名称），默认的是"S，M，T，W，T，F，S"，也可以将其改为中文的"日，一，二，三，四，五，六"，参数设置如图 11-6-7 所示。

图 11-6-6　"组件"面板

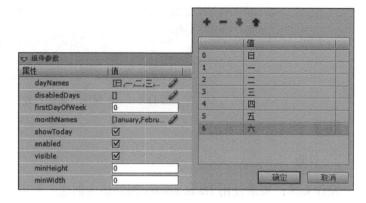

图 11-6-7　"参数"设置

小 贴 士

　　第 3 项为 "firstDayOfWeek"（一个星期的第一天），默认为 "0" 是从周日开始，我们可以设置为 "1"，日历就会从周一开始显示。

　　第 4 项 "monthNames"（月份名称），默认的为英文显示，若需要调整，需要单击名称，然后选择名称后的编辑按钮，可以将月份改为中文。

04　测试动画效果。

3. MP3 播放器

　　操作要求：要求单击选择 ComboBox 下拉菜单里的任一选项就播放对应的乐曲。

　　技能点拨：从"组件"面板中创建 MediaPlayback 组件、ComboBox 组件，通过编程实现 ComboBox 组件参数传递给 MediaPlayback 组件。最终效果如图 11-6-8 所示。

MP3 播放器

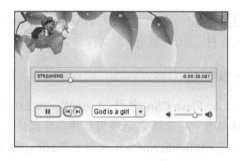

图 11-6-8　"MP3 播放器"最终效果

01　建立一个 ActionScript 2.0 的 Flash 文档，导入"素材与源文件\项目 11\任务 11.6\素材\日历背景.jpg"，设置图片大小与舞台相同。

02　打开"组件"面板后，选择"Media"（媒体）下"MediaPlayback"选项（媒体播放），并将"MediaPlayback"拖动到舞台中，调节播放器的大小和位置，如图 11-6-9 所示。

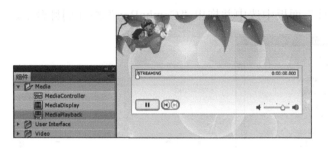

图 11-6-9　调节播放器

03　在"属性"面板中设置组件实例名为"player",如图 11-6-10 所示。

04　在组件检查器"属性"面板中对参数进行设置,点选"MP3"单选按钮,"Control Visibility"设置为"on",其他使用默认设置,如图 11-6-11 所示。

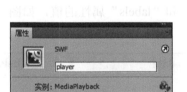

图 11-6-10　设置组件实例名

图 11-6-11　"参数"设置

小 贴 士

1)类型可以选择网络上常见的"FLV"格式,还可以选择"MP3"格式。

2)"URL"连接可以输入完整的链接地址,例如,网上的音乐,就可以输入一个网址链接的 MP3 音乐,如果 MP3 文件和 Flash 源文件在同一个目录下,就可以直接在 URL 下输入 MP3 的名称。

3)"Automatically Play"为自动播放,默认情况下处于选择状态,"Automatically Play"下面是"Use Preferred Media Size"和"Respect Aspect Ratio",这两项处于不可选状态,当类型选择为"FLV"后这两个选项就可以对媒体的尺寸和宽高比进行设置了。

4)"Control Placement"(控制方位)后面有 4 个选项,可以将音乐播放进度条分别设置在"Bottom"(底部)、"Top"(顶部)、"Left"(左面)和"Right"(右面)。

5)"Control Visibility"(控制可视),默认情况下为"Auto"(自动),还可以选择"On"(开)或"Off"(关)。

05 从"组件"面板中选中并拖出"ComboBox"组件到舞台上，如图 11-6-12 所示。

图 11-6-12　创建"ComboBox"组件

06 在"属性"面板中设置组件实例名为"mp3list"，如图 11-6-13 所示。

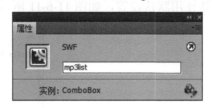

图 11-6-13　设置组件实例名

07 在"属性"面板的组件参数中设置"data"和"labels"属性的值，如图 11-6-14 所示。

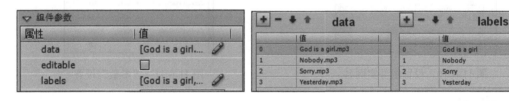

图 11-6-14　组件参数设置

08 选中"MediaPlayback"组件实例，按【F9】键打开"动作"面板，输入如下脚本。

```
on (load) {
  i=0;                                      //定义变量 i 并赋初始值为 0
}
on (complete){                             //当播放完一个媒体文件后,将 i 值加 1
  if(i>2){
    i=0;                                    //如果 i 值大于 2,则赋 i 值为 0
  }
  i++;
  this.setMedia(_root.mp3list.data[i]);
//将要播放的媒体文件的 URL 指定为 ComboBox 组件中的相应值
  this.play();//实现多首歌曲的循环播放
}
```

09 选中"ComboBox"组件实例，按【F9】键打开"动作"面板，输入如下脚本。

```
on (load){
  _root.player.setMedia(this.value); //取得 ComboBox 组件实例的当前值
}
on (change){
  _root.player.setMedia(this.value);
//将 ComboBox 组件实例的当前值指定为 MediaPlayback 组件实例要播放的媒体文件的 URL
}
```

10 将文件保存到与 MP3 同一文件夹内，并测试动画。

实践探索

参考学过的组件的相关知识，查阅相关资料，制作"用户注册"表单，动画效果如图 11-6-15 所示。

图 11-6-15　"用户注册"表单效果

任务 11.7　实战演练——制作物理课件

任务目的

掌握课件制作的设计流程，灵活运用 ActionScript 脚本完成动画要求。

任务分析

"物理课件"任务为综合性任务，先逐个制作出实验动画，再通过按钮调用各个实验动画，制作出相对复杂的课件，最终效果如图 11-7-1 所示。

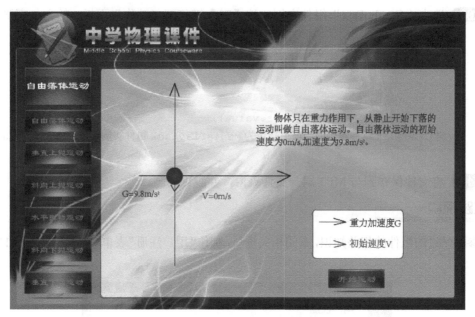

图 11-7-1 "物理课件"最终效果

主界面　　　　　　　自由落体　　　　　　　合成　　　　　　制作物理课件

■ 相关知识

1. 确定课题并制作课件脚本

多媒体课件是为教学服务的，运用多媒体课件是为了提高教学的有效性。因此，选择的课件内容，应是教学中的重点、难点，或者是使用多媒体可以更好地展现效果的教学环节，最大限度地发挥课件的作用。确定内容后要写好脚本、简易绘制好课件的结构和流程，这是准备制作课件的一个重要环节。

2. 搜集与制作课件素材

课件脚本与草图绘制好后，就可以开始收集相关素材了，网络上资源丰富，可以下载使用，不过难免有些素材是找不到的，这就需要自己制作。课件所用的素材类型主要有图片、声音、动画和视频等。

3. 课件制作方法选择

根据课件的规模选择课件的制作方法，如果制作的是一节课或内容比较少的课件，建议采用如上的浏览相册的方法；而如果制作一本书或展示的内容相对独立的课件，则采用本任务的方法，此法也可运用于网页制作中。

4. 常用语法结构

Loader 类可用于加载 SWF 文件或图像（JPG、PNG 或 GIF）文件。使用 load( )方法来启动加载。被加载的显示对象将作为 Loader 对象的子级添加。

（1）Loader 对象.方法或属性

Loader 对象名称=new Loader();

var Loader 对象名称：Loader=new Loader();

（2）方法

Loader()：构造 Loader 对象。

load(文件来源)：将 SWF、JPEG、GIF、PNG 等文件导入对象成为 Loader 对象的子对象。

unloader()：移除 load 方法所加入的对象。

close()：取消 load 方法目前正在进行的加载动作。

（3）属性

contentLoaderInfo：返回在调用 load 方法时自动生成的 LoaderInfo 对象。

小 贴 士

Loader 对象所加载的外部文件数据不会直接加入舞台中，而必须通过其他可见对象的相关方法附加 Loader 对象成为其子对象后再显现出来。例如，将已加载外部文件的 Loader 对象以 addChild 等方法附加到可见对象，成为可见对象的子对象。

任务实施

操作要求：要求单击课件的导航按钮显示对应的实验动画。

技能点拨：先逐个制作出实验动画，使用对按钮加载外部 SWF 文件命令的方法来实现随时调用。

01 在桌面上新建一个文件夹，命名为"物理课件"，在此文件文件夹下再新建一个"实验动画"文件夹。

02 新建 Flash ActionScript 3.0 文档，导入"素材与源文件\项目 11\任务 11.7\素材\bgmap.jpg"文件，修改舞台大小与图片大小相同，将图片对齐舞台中心，接着导入其他图片素材，排列好素材的位置，如图 11-7-2 所示。

03 将如图 11-7-3 所示的 6 个对象分别转换成按钮，同时分别设置实例名为"btn1""btn2""btn3""btn4""btn5""btn6"。

04 将文件另存到"物理课件"文件夹中，并命名为"主界面"。

05 新建一个图层，在界面上沿空白区域绘制一个仅有笔触颜色的矩形，如图 11-7-4 所示。

06 删除刚才绘制的矩形以外的所有对象，如图 11-7-5 所示。

07 在红色矩形区域制作"自由落体"动画效果，如图 11-7-6 所示。

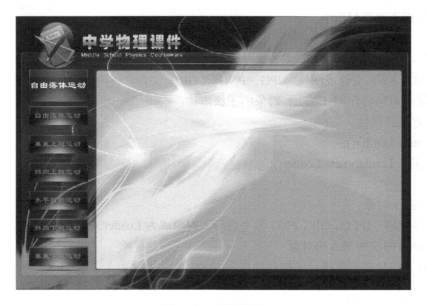

图 11-7-2　界面设计　　　　　　　　　　　　　　　图 11-7-3　按钮排列

图 11-7-4　矩形效果

图 11-7-5　删除背景效果

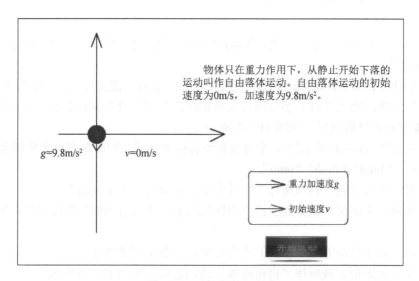

图 11-7-6　实验动画界面

08 删除红色矩形，将文件另存在"实验动画"文件夹下，命名为"自由落体.fla"，按下【Ctrl+Enter】组合键生成"自由落体.swf"。

09 重复步骤 **05** ～步骤 **08**，制作另外 5 个实验动画。

10 打开"主界面.fla"文件，新建一个图层，命名为"actions"，在第 1 帧的"动作"面板中输入代码如下。

```
var url0: String="实验介绍.swf";
var url1: String="实验动画/自由落体.swf";
var url2: String="实验动画/垂直上抛.swf";
var url3: String="实验动画/斜向上抛.swf";
var url4: String="实验动画/水平抛物.swf";
var url5: String="实验动画/斜向下抛.swf";
var url6: String="实验动画/垂直下抛.swf";

var lad: Loader=new Loader();      //新建一个loader容器
//加载"实验介绍.swf"
lad.load(new URLRequest(url0));
addChild(lad);

//btn1代码: 加载"自由落体.swf"
btn1.addEventListener(MouseEvent.CLICK, loadlab1);
function loadlab1(me: MouseEvent): void
{
    lad.unload();
    lad.load(new URLRequest(url1));
    addChild(lad);

}

//btn2代码: 加载"垂直上抛.swf"
btn2.addEventListener(MouseEvent.CLICK, loadlab2);

function loadlab2(event: MouseEvent): void
{
    lad.load(new URLRequest(url2));
    addChild(lad);
}

//btn3代码: 加载"斜向上抛.swf"
btn3.addEventListener(MouseEvent.CLICK, loadlab3);

function loadlab3(event: MouseEvent): void
{
    lad.load(new URLRequest(url3));
    addChild(lad);
}
```

```
//btn4 代码：加载"水平抛物.swf"
btn4.addEventListener(MouseEvent.CLICK, loadlab4);
function loadlab4(event: MouseEvent): void
{
    lad.load(new URLRequest(url4));
    addChild(lad);
}
//btn5 代码：加载"斜向下抛.swf"
btn5.addEventListener(MouseEvent.CLICK, loadlab5);
function loadlab5(event: MouseEvent): void
{
    lad.load(new URLRequest(url5));
    addChild(lad);
}
//bt62 代码：加载"垂直下抛.swf"
btn6.addEventListener(MouseEvent.CLICK, loadlab6);
function loadlab6(event: MouseEvent): void
{
    lad.load(new URLRequest(url6));
    addChild(lad);
}
```

11 测试并保存动画。

实践探索

整理个人资料，参考所给的个人简历模板，制作一份个人求职简历，动画效果如图 11-7-7
所示。

图 11-7-7 "求职简历"效果

参 考 文 献

陈振源，项慧芳，2013．二维动画制作：Adobe Flash CS5.5[M]．3 版．北京：高等教育出版社．

力行工作室，2011．FLASH CS5 动画制作与特效设计 200 例[M]．北京：中国青年出版社．

明智科技，周建国，2008．Flash CS3 动画设计与制作实例精讲[M]．北京：人民邮电出版社．

杨东昱，2008．ActionScript 3.0 精彩范例词典[M]．北京：机械工业出版社．

智丰工作室，邓文达，双洁，等，2009．精通 Flash 动画设计 Q 版角色绘画与场景设计[M]．北京：人民邮电出版社．